이런 수학은 처음이야

이런 수학은 처음이야

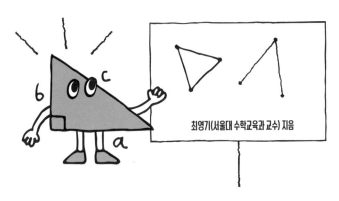

최영기(서울대 수학교육과 교수) 지음

읽다 보면 저절로 개념이 잡히는 놀라운 이야기

21세기북스

책을 펴내며
"애초에 이렇게 배웠더라면!"

우리나라 학생들은 세계적으로 우수한 두뇌를 가지고 있고, 국제 수학 성취도 테스트에서도 늘 최상위권을 차지할 만큼 수학 문제를 잘 푼다. 그런데 학생들에게 수학을 좋아하느냐고 물으면 "그렇지 않다. 수학에 자신이 없다"라고 대답하는 학생들이 많다. 무엇이 문제일까?

수학교육을 통해 우리가 기대하는 것은 무엇일까? 학생들이 수학에서 다루어지는 개념을 이해하고, 이를 바탕으로 본질을 탐구하는 능력이 길러지며, 문제를 해결하는 능력이 키워지는 것이다. 위의 두 가지 중 어디에 중점을 두느냐에 따라 수학교육의 구체적인 모습은 매우 달라진다.

'개념 중심'의 수학교육은 본질을 볼 수 있는 눈을 키우는 것을 중요하게 여긴다. 이를 바탕으로 세상에 대한 건강한 안목을 키울 수 있다고 믿는다. 본질을 볼 수 있고, 안목을 키우기 위한 수학교육이 되기 위해서는 우리나라에서 진행되고 있는 수학교육을 깊이 고민해 보아야 하지 않을까 싶다. 지금처럼 반복 연습으로 숙달된 문제 풀이 능력만으로는 안목을 키우기 어렵다. 단순히 많은 집을 지었다 해서 건축에 대한 안목을 갖게 되는 것이 아닌 것과 같은 이치다. 반복된 문제 풀이는 본질을 보는 것을 오히려 방해할 뿐이다.

 수학교육의 또 하나의 축인 '문제 해결 능력 중심'의 수학교육은 실제 생활에서 문제를 해결하는 능력을 키우는 것에 중점을 둔다. 그러나 실제 우리나라 수학교육은 현실에서의 문제 해결 능력으로 이어지지 않고 있다. 문제 풀이의 기능적인 면만을 강조하는 우리나라 수학교육이 수학교육의 본질을 의도치 않게 해치는 것이다. 우리나라 수학교육에서 발견되는 문제점을 구체적으로 들여다보면 다음과 같다.

 첫째, 수학책이나 시험에서 실생활과 관련된 데이터보다 가상의 조작된 데이터를 사용하고 있다. 그것 때문에 학생들은 수학에서 다루는 문제가 시험을 위해서만 존재하는 것이라고 느끼게 된다. 이런 문제를 수천 번 반복해서 풀다 보면 학생들에게 수학은 그저 변별력 높은 문제의 답을 잘 맞혀야 하는 시험 과목으로만 각인된다.

이는 성인이 되어서도 영향을 미친다. 즉 수학을 실제 문제에 활용할 생각조차 하지 못하는 것이다. 우리나라와 달리 서양에서는 실제 생활 속에서의 데이터를 수학 문제에 많이 사용한다. 이것이 우리나라 수학교육과 확연히 다른 점이다.

둘째, "수학이 결국 자살했다. 왜냐하면 너무나 많은 문제를 지니고 있어서…"라는 유머가 있을 정도로 우리나라 학생들은 지나치게 반복적으로 많은 양의 문제를 푸는 것을 강요받고 있다. 우리의 수학교육은 많은 문제를 푼 경험을 바탕으로 학생들이 알고리즘화된 사고를 형성하도록 만든다. 그리고 학생들은 이를 토대로 문제를 푼다. 시험에서 좋은 성적을 거두기 위해 엄청난 양의 문제를 풀게 함으로써, 틀리는 위기를 겪지 않게 하려는 데 초점이 맞춰져 있다. 즉 위기를 겪는 것을 최소화하는 전략이다.

하지만 발견은 위기에서 나온다. 이런 전략하에서는 뭔가를 발견하는 것이 힘들 뿐만 아니라 수학에 대한 관심과 흥미 자체를 잃게 된다. 지나친 반복, 연습 때문에 수학 문제들은 제 역할을 잃고 있다.

'이런 식으로 공부해서 우리나라가 이 정도로 발전한 거 아닌가? 뭐가 문제지?'라고 생각할 수도 있다. 물론 우리가 선진국이 아니었을 때는 다른 나라의 지식을 답습하는 기능적인 면이 중요했다. 또한 이제까지의 사회 구조에서는 숙달된 문제 풀이 능력도 중요한 역할을 했다.

그러나 이제는 시대가 요구하는 지식이 확연하게 달라졌고, 이미 우리도 선진국에 진입했으므로 수학교육도 개념의 통찰을 위한, 본질을 제대로 볼 수 있는 안목을 키워주는 길로 나아가야만 한다. 그래야만 뭔가를 발견하고, 새로운 것을 도출해 낼 수 있는 창의적인 인물들을 길러낼 수 있을 것이다.

수학을 좋아하는 마음이 절실히 필요한 시대다. 이 책은 문제를 푸는 것보다는 학생들이 어떻게 하면 수학을 즐겁게 공부하고, 수학을 좋아하게 할 수 있을까에 대한 고민 끝에 나왔다. 수학을 좋아하게 된다면 궁극적으로 수학의 더 높은 경지에 오를 가능성이 커지며, 이를 통해 얻은 수학적 사고와 능력은 미래를 주도할 다양한 연구 분야에서도 높은 수준의 안목과 능력을 키우는 데 도움을 줄 것이다.

이 책은 중학교 교과과정에서 다루는 평면도형을 소재

로 도형의 세계 안에서 펼쳐지는 흥미진진한 이야기들을 도형의 시선에서 풀어냈다. 이야기를 따라가면 교과과정의 핵심 개념들 또한 학습할 수 있도록 구성했다.

본인은 아직 중학교 수학을 배우지 않은 초등학교 고학년 학생은 이 책을 읽으며 평면도형에 대해 좀 더 호기심을 가질 수 있기를, 또 중학교 학생은 학교에서 배우는 내용을 좀 더 깊고 의미 있게 되새겨 볼 수 있기를 기대한다. 더불어 도형에 담긴 개념을 이해함으로써 수학적 사고 및 안목을 확장할 수 있기를 기대한다.

이 책의 곳곳에 나의 아내인 김선자 선생의 풍요롭고 섬세한 감성이 스며 있다. 35년 전 가을 어느 멋진 날, 아내와의 경이로운 만남에 감사한다.

북이십일 장보라 님, 정지은 님의 이 책에 대한 열정과 멋진 마무리에 대하여 감사드린다. 또한 수학교육의 연구에 늘 시간을 같이한 대학원 세미나 팀의 모든 구성원과 그동안 나의 강의를 진지하게 들어준 모든 학생, 선생님, 학부모님, 청중분들께도 감사드린다.

2020년 11월

최영기

이것은 도형에 관한
놀랍고도 신비로운 이야기다

내가 앞으로 할 이야기는 도형에 관한 기묘하고도 놀랍고 아름다운, 아주 독특한 이야기야. 도형들의 아름답고 완벽한 세계!

"뭐라고? 무슨 황당한 소리야"라고 할지도 모르지만 조금만 참고 이야기를 들어봐.

도형의 온전한 세계는 우리가 마음을 비우고 순수한 상태에 있을 때만 보이는 세계야! 새하얀 눈이 오는 날, 눈송이를 봐도 그 세계가 보일지도 몰라.

내가 그 아름다움, 경이로움을 도형의 세계에서 봤듯이 여러분도 그 아름다움, 경이로움을 느꼈으면 하는 간절한 바람이 있어. 어리다는 것의 특권은 다소 황당하더라도 자유롭고, 순수하게 무엇이든지 상상할 수 있다는 것 아니겠어?

그동안 도형의 세계를 그저 어려운 수학 분야, 어려운 시험문제로만 생각했을지 모르지만, 알고 보면 도형의 세계는 너무나 아름다우면서도 영원한 세계야. 도형의 세계를 공부하다 보면 영원하고 변하지 않는 실재의 한 가닥을 볼수 있는 안목이 생기게 될 거야.

도형은 인간이 탄생하기 전부터 있었어. 즉 도형은 우리와 관계없이 존재하고 있었다는 이야기지. 또 인간이 이 우주에서 사라지더라도 그들의 세계는 여전히 남아 있어. 늘 변함없는 완벽한 모습으로 말이야.

도형에서 어떤 성질을 알아냈을 때 이를 발명이 아닌 발견했다고 표현하는 것도 도형의 수학적인 성질들은 이미 스스로 존재했다는 것을 의미해. 그것도 아름답게!

그런데 영원하고 실재하는 것을 추구하는 성향 때문인지 인간은 수천 년 전부터 도형의 세계를 이해하기 위해 무던히도 애를 썼어. 어쩌면 우리가 도형을 이해할 수 있는 것도 우리 모두가 도형의 완벽한 모습을 마음에 그릴 수 있기 때문일지도 몰라. 그렇게 보면 도형의 세계와 우리의 마음은 깊이 연결되어 있다는 생각이 들어.

인간이 인간이게 하는 것들에는 무엇이 있을까? 정신과 육체… 이런 것들이겠지? 도형에게도 도형이 도형일 수 있게 하는 정신이 있어. 그것이 바로 수학 정신이야. 이것은 눈에 보이지는 않지만, 도형의 성질을 지배해서 도형의 특징을 나타내지. 도형의 세계는 그들을 보고 싶어 하는 우리의 마음, 순수하게 그들을 바라보는 마음이 그들과 통했을 때 더 잘 보이고, 더 잘 이해가 될 거야.

이제 도형의 세계로 떠날 거야. 마지막 장을 덮을 때 "도형의 세계, 정말 멋지다!"라고 말할 수 있기를 바라. 자, 이제 도형의 눈으로 바라본 그들의 세계로 한번 들어가 볼까?

1강

하나의 점이 도형이 되기까지
선·각·삼각형·다각형

2강　이토록 완벽한 도형이라니!
사각형·원·무게중심

1강

하나의 점이 도형이 되기까지

선·각·삼각형·다각형

점·선·면의 탄생

직선은 어떻게 생겨났을까?

수도 없이 많은 점이 모여 있는 평면이 있었어. 점들이 제각기 흩어져 따로따로 존재할 때는 어떤 역할도 할 수 없는 너무도 작은 존재였지.

점들은 멋있어지고 싶은 마음에 이리저리 몰려다니기 시작했어. 그러다 보니 어느 순간 뭔가 있어 보이는 듯한 멋진 선을 만들게 된 거야. 그게 바로 직선이었어. 직선이 후에 수학에서 얼마나 큰 역할들을 담당했는지 알았다면 아마 점들은 자신들이 만들어놓고도 까무러치게 놀랐을 거야!

평면 위에 곱게, 끝없이 뻗어가는 직선. 그 직선은 한없이 뻗어가기 때문에 끝이 없어. 하지만 그렇다고 저 먼 우주 끝까지 뻗어가는 건 좀 피곤하잖아? 그래서 생각했지. 직접 우주 끝까지 가지 않아도 갈 수 있다는 걸 보여주는 방법, 끝없이 뻗어가는 모습을 표현하는 방법! 그 방법을 표현하는 것이 무엇이었을 것 같아?

맞아, 바로 화살표!

이렇게 편한 방법이 있었다니!

화살표를 장착했더니 어느 쪽으로 가고 싶어 하는지 방향도 보여줄 수 있고, 미지의 세계를 향해 끝없이 나아가고 싶은 직선의 마음도 손쉽게 보여줄 수 있게 되었어.

끝없이 향해 가는 무한의 세계, 인간은 갈 수 없는 미지의 세계. 그 세계를 알고 싶은 갈망과 알 수 없는 세계에 대한 호기심에서 놀라운 수학의 개념들이 탄생하기 시작했어.

지구에는 정말 많은 사람이 살고 있어서 살면서 상당히 많은 사람과 만나게 돼. 그런데 반대로 또 어떤 사람과는 평생 한 번도 만나지 못하기도 하지. 직선의 세계에서도 마찬가지야.

평면에 존재하는 직선들도 어떤 직선과는 만나지만, 또 어떤 직선과는 영영 만나지 못하는 경우가 생기지. 평생 만날 수 없는 두 직선. 직선들은 이 관계를 특별하게 생각해서 서로 끝까지 만날 수 없는 두 직선에 이름을 지어주었어.

바로 평행!

평행을 유지하는 두 직선은 서로 같은 방향을 향하고 있으면서도, 계속 같은 간격을 유지하고 있어서 아쉽게도 평생 만날 수가 없어.

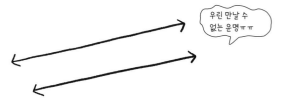

그런가 하면 서로 만나긴 만나는데 만나자마자 헤어지는 직선들도 있어. 찰나의 순간, 스치듯이 만나고 헤어지는 직선들. 직선들은 짧게 만나고 헤어지는 게 너무 아쉬웠어.

그래서 만나는 순간 생기는 점에 이름을 붙여주었어.

바로 교점!

김춘수 시인의 〈꽃〉이라는 시에 다음과 같은 표현이 있어.

내가 그의 이름을 불러 주었을 때

그는 나에게로 와서

꽃이 되었다.

이름을 부여한다는 것은 그만큼 특별하다는 뜻이겠지. 그래서 이 특별한 교점을 '점 A'라고 부르면, 이제 점 A는 다른 점들과 구분되는 의미 있는 점이 되는 거야.

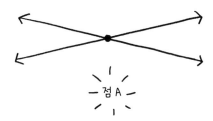

다시 직선으로 돌아가 볼까?

이야기한 것처럼 직선은 점들이 모여서 이루어진 거야. 그런데 이 직선이 끊어지면, 그 끊어진 점에서 시작해 한쪽은 오른쪽으로, 한쪽은 왼쪽으로 끝없이 달려가게 돼. 그야말로 반쪽이 된 거야. 말 그대로 반직선이 되어버린 거지.

그러다 보니 반직선은 직선과는 달리 시작하는 점이 생겼어. 시작이 있음은 앞으로 나아감에 대한 출발점이 있다는 뜻이지. 여행을 간다고 생각해봐. 출발할 때는 미지의 세계가 주는 두려움과 불안함이 있지만 그럼에도 출발점이 있고 방향성이 있기에 우리는 설레는 마음으로 힘차게 출발할 수 있잖아. 그럼 이제 우리도 도형의 세계로 계속해서 나아가 보자.

각
– 너와 나의 사이

각이 탄생하기 위해 필요한 것은 무엇일까? 직선으로 각이 탄생할 수 있을까? 시작점이 있는 두 개의 반직선이 만나면 어떻게 될까?

친구들과 함께 지내다 보면 어느 순간 사이가 가까워지기도 하고, 멀어지기도 하지? 이때 친한 친구와는 가깝게 붙어 있으려고 하지만 그렇지 않은 친구와는 거리를 두고 싶잖아.

반직선도 마찬가지야. 반직선들은 서로의 벌어진 정도를 재서 둘 사이의 친밀도를 알 수 있어. 둘 사이에 벌어진 정도가 그들의 친밀도를 나타내는 거지.

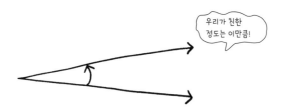

이렇게 같은 점에서 시작하는 두 반직선이 만들어낸 도형을 각이라고 부르기로 했어. 각이 탄생하기 위해서는 이처럼 같은 점에서 시작하는 2개의 반직선이 필요해.

이제 다음 그림을 한번 볼까? 만나는 점을 중심으로, 마주 보고 있는 두 반직선의 모습이 완전히 겹쳐지지. 미술 시간에 한 번쯤 해봤던 데칼코마니를 떠올려봐. 종이 한쪽에만 물감을 칠한 뒤 접어서 문지른 후 다시 떼면 접은 선을 중심으로 똑같은 무늬가 나오잖아. 이 두 반직선에도 그와 같은 대칭성이 생겼어. 나비를 떠올려봐도 이해할 수 있어. 대칭성은 이처럼 수학뿐만 아니라 세상 모든 것의 아름다움을 이루는 중요한 부분이야. 앞으로 등장할 많은 도형도 대칭성을 갖고 있어.

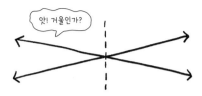

한 점에서 만나는 두 직선을 보면 마주 보고 있는 두 반
직선의 벌어진 정도가 같아. 이들의 이름은 마주 보는 각이
라고 해서 맞꼭지각이라고 해.

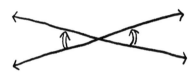

두 직선이 만날 때 가장 재미있는 경우는 다음과 같은 경
우야. 만날 때 생기는 4개의 각이 모두 같아. 이때 4개의 각의
크기를 각각 직각이라고 해. 책상 모서리와 같은 모양이야.

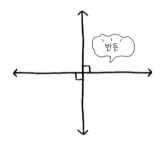

두 직선이 직각으로 만나는 경우는 일반적인 두 직선이 만나 이루는 다른 각들과는 완전히 달라. 이 직각은 특별한 만큼 앞으로 계속해서 등장하게 될 거야. 직각을 중심으로 직각보다 크기가 작은 각을 예각, 큰 각을 둔각이라 해.

그렇다면 직각은 왜 하필이면 90°로 표시하는 걸까? 그것은 아주 오래전 인간들이 태양을 관찰했던 것에서 유래를 찾아볼 수 있어. 인간들은 해를 관찰하며 해가 뜨는 위치가 매일 조금씩 변하는 것을 발견했고, 다시 그 자리에 돌아오는 때까지 360일이 걸렸다고 생각한 거야.

그래서 1년을 360일이라 생각하고 원을 이용해 하루를 1°씩 원에 표기했다고 해. 즉 1년을 대략 360으로 생각하고, 한 바퀴 도는 것을 360일, 즉 360°라 생각했던 거지.

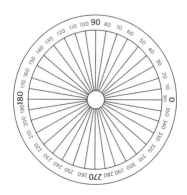

직각이 벌어진 정도를 해가 도는 것으로 보면 360°의 $\frac{1}{4}$ 바퀴 돈 거니까 90°이지. 이런 식으로 각들이 벌어져 있는 정도를 잴 수 있어.

[질문] 우리는 각은 '잰다'고 이야기하고 수는 '센다'고 이야기하지. 그렇다면 재는 것과 세는 것의 차이는 무엇일까?

경계
- 나를 나답게 하는 것

어떤 것을 다른 것과 구분할 때 필요한 것은 무엇일까?

바로 뭔가를 결정짓는 테두리, 즉 경계가 필요해. 정한다는 말도 '경계'라는 말로부터 유래되었어. 수학에서 경계가 중요한 이유는 경계 때문에 각 도형의 이름과 특징이 생기기 때문이야. 다시 말해 각 도형의 정체성이 경계에 의해 결정되는 거지. 그래서 수학에서 경계라는 것이 중요한 거야.

이제 직선은 자기 자신 위의 두 점과 그사이에 있는 부분을 사용해 선분을 만들었어. 그래서 선분은 양 끝에 점이 있어. 즉 선분의 경계는 양 끝 점이야. 양 끝 점만 있으면 선분을 만들 수 있는 거지.

그런데 이 양 끝 점을 연결하는 직선은 하나밖에 없어. 우리를 낳은 엄마가 한 분인 것처럼 선분을 만드는 직선도 하나밖에 없는 거야. 그리고 선분의 양 끝 점은 유전자처럼 선분의 모든 특징을 결정해.

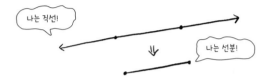

평면에 수많은 점이 있다는 것은 그중 두 점을 이은 수많은 선분도 그만큼 많이 존재하고 있다는 의미지.

[질문] 선분을 선분답게 하고 도형이 도형이게 하는 것, 즉 무엇이 무엇이게끔 하는 것이 경계라 했지? 그렇다면 나를 나답게 하는 것, 나의 경계는 무엇일까?

나는 어쩌다
삼각형이 되었을까?

평면의 안과 밖을 구분한 최초의 닫힌 도형은 무엇일까?

선분들은 같은 시작점을 가진 선분과 만나서 서로 인사를 하고 서로 간의 친밀도를 알기 위해 벌어진 각을 재기도 했어. 그렇게 서로 인사를 하다 보니 3개의 선분이 서로서로 돌아가며 같은 끝 점을 갖는 모양도 생긴 거야.

그렇게 생긴 도형을 보니 신기하게도 3개의 선분을 경계로 평면이 안에 있는 부분과 밖에 있는 부분으로 나눠져 있었어. 이렇게 안과 밖을 구분할 수 있는 도형을 닫힌 도형이라 하는데, 최초의 닫힌 도형이 탄생한 거야.

바로 삼각형!

짠! 이제부터
주인공은 나야 나!

삼각형은 각이 3개가 있다는 것을 나타내기 위해 붙여진 이름이야. 평면 세계의 모든 닫힌 도형의 기본이 되는 삼각형은 도형을 이해하는 출발점이자 기초로서 엄청난 역할을 감당해. 삼각형이 누구인지 이제 자세히 들여다볼까?

이제 삼각형에 기호를 붙여서, 선분 AB, 선분 BC, 선분 CA로 이루어진 삼각형을 삼각형 ABC라 하고, 한 꼭짓점에서 이웃하는 두 변으로 이루어진 각을 내각이라 이름 붙였어. 그렇게 내각 A, B, C 세 개가 되었지. 그런데 이 각에 대해 이리저리 비교하고 재어보다가 문득 세 각의 크기를 더하면 얼마일까 궁금해졌어.

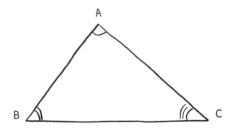

세 각을 더하기 전에 먼저 이해해야 할 것들이 있어. 평행인 직선들 이야기로 다시 돌아가 보자. 들판으로 아득하게 뻗어가는 기찻길을 상상해도 좋아. 평행한 두 직선만 있을 때는 좀 심심했는데, 다른 직선과 만나고 나서부터 평행선에는 재미있는 일이 일어나기 시작했어.

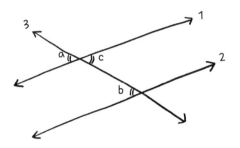

그림에서 '직선 1'과 '직선 2'는 평행선이야. 그리고 '직선 3'은 그 평행선들을 만나 지나치고 있어. '직선 3'은 공평하기 때문에 여러 평행선들을 지날 때 여러 종류의 같은 각들을 만들게 되지. 그림에서 각 a와 각 b는 같은 각도를 이루게 되는데 서로 같은 위치에 있다고 해서 동위각이라고 해.

그런데 잘 보면 각 a와 각 c가 맞꼭지각으로 크기가 같지. 그러니 각 b와 각 c도 크기가 같게 되지. 각 b와 각 c는 서로 엇갈린 위치에 있다고 해서 엇각이라 해. 한 직선이 평행한 선을 지나치면서 동위각, 맞꼭지각, 엇각을 만들고 있는데 재미있는 것은 이 각들이 모두 크기가 같다는 거야. 공평하게도 말이야!

반대로 두 직선이 한 직선과 만날 때 동위각과 엇각의 크기가 같으면 '두 직선은 평행하다'라고 말하는 것도 가능할까? 물론이지.

엇각은 말한다,
지구는 평평하지 않다고

태양 빛이 수직으로 비친다면 그림자는 생길까?

기원전 약 200년경 그리스 수학자 에라토스테네스Eratosthenes는 땅에 막대기를 세워놓았을 때 도시의 위치에 따라 같은 시각에도 생기는 그림자 길이에 차이가 있다는 것을 발견했어.

'도시 A'는 태양 빛이 지면에 수직으로 내려와 막대기의 그림자가 생기지 않았지만, 같은 시각 '도시 B'의 막대기에는 그림자가 생긴 거야. 그 이유는 그 시각 '도시 B'에는 빛이 지면에 수직 방향으로 내려오지 않았기 때문이지. 왜 그런 현상이 일어난 걸까?

바로 지구의 모양 때문이야. 만약 지구가 평평한 평면이라면 태양 광선은 평행하게 지구로 들어오기 때문에 동일한 시각이라면 어느 장소에서라도 그림자 길이의 비율이 똑같아야 해.

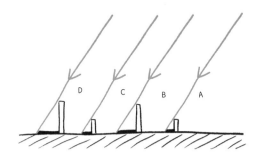

같은 시각이라도 장소에 따라 그림자 길이의 비율이 다르다는 사실로부터 지구가 평평하지 않다는 것을 깨닫게 된 거지. 그의 관찰 덕분에 그 당시로써는 매우 놀라운 추측을 이루어낼 수 있었어.

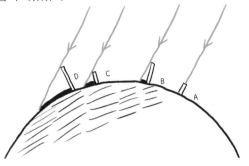

그러나 그의 호기심은 여기에서 그치지 않고 그를 더욱 깊은 탐구의 세계로 이끌게 돼.

'도시 A'에 태양 빛이 수직으로 내려오는 시각에는 '도시 A'와 먼 곳일수록 그림자의 길이 또한 길어진다는 것을 관찰하고, 이로부터 지구가 구球일 수밖에 없다는 결론에 도달한 거야. 그러나 지구가 구 모양이라는 결론에 이른 그는 멈추지 않았어.

더 나아가 질문했지. 지구 둘레의 길이가 얼마일까? 이것은 지구 둘레의 길이를 구하도록 이끈 최초의 실제적인 질문이고, 인간의 관심이 실제적인 우주의 측정으로 향하게 한 위대한 질문이야.

이 질문을 통해 '도시 A'와 '도시 B' 사이의 거리를 알고 있으니, 각 x만 알면 지구 둘레의 길이를 구할 수 있다는 것 또한 알게 돼.

지구 둘레의 길이 : 360 = 도시 사이의 거리 : x

$$지구 \ 둘레의 \ 길이 = 도시 \ 사이의 \ 거리 \times \frac{360}{x}$$

그러면 각 x를 어떻게 알 수 있을까?

바로 평행선에서의 엇각의 성질을 이용하는 거지. 빛은 평행으로 오고, 평행선 성질에서 엇각의 크기는 서로 같으니, 각 x는 곧 막대기와 빛이 이루는 각도인 거잖아.

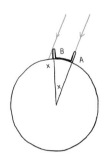

예를 들어, 두 도시 사이의 거리가 1,600km이고 '도시 B'에서 막대기와 빛이 이루는 각도가 15°라면, $\frac{360}{15}$=24가 되는 거야. 즉 15°의 각을 이루는 피자 조각 24개를 모으면 원을 채우게 되는 거지. 그래서 지구 둘레의 길이는 1,600×24=38,400km가 나오게 돼.

실제로 에라토스테네스의 경우, '도시 A'는 시에네Syene, '도시 B'는 알렉산드리아Alexandria였고, 두 도시 사이의 거리는 약 800km, 각 x는 약 7.2°였다고 해. 그래서 그는 지구 둘레의 길이가 약 800×$\frac{360}{7.2}$=40,000km이라고 추측했는데 실제로 적도 둘레의 길이가 약 40,075km이니, 놀라울 정도로 근사한 값이야.

이 눈부시고 위대한 성취는 순수한 호기심으로부터 시작되었어. 그림자가 생기는 사소한 현상을 무시하지 않고 관심을 기울인 관찰과 실험을 통해 더욱 적극적이고 엄밀한 탐구를 이룰 수 있었던 거지.

여러분도 호기심의 작은 씨앗을 늘 간직하길 바랄게. 그 씨앗이 커서 언제 큰 나무가 될지 모르니까.

삼각형의 DNA
– 나다운 각도 180°

이제 본격적으로 삼각형 내각의 크기의 합을 찾아 떠나볼까?

우선 평행선과 엇각을 이용해보려 해. 점 A를 시작점으로 하고 선분 BC와 평행인 직선을 그려보면 다음 그림과 같아. 평행선의 엇각의 크기가 같다는 사실 덕분에 각 B, C와 크기가 동일한 각들을 찾을 수 있어.

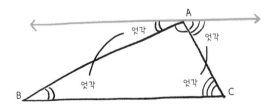

점 A를 지나 변 BC와 평행한 직선에는 각 B, C도 있고 원래 있던 각 A도 있어. 세 각을 합치니 일직선이 되는 것을 확인할 수 있지. 일직선은 180°라는 것 알고 있지? 직접 각을 재보지 않고도 평행선의 엇각을 이용해 각 A, B, C의 합이 180°가 됨을 알 수 있어. 이것을 삼각형 내각의 크기의 합은 180°가 된다고 해.

내각의 크기의 합이 180°라는 것은 모든 삼각형에서 공통적, 즉 보편적으로 성립하니 삼각형의 본질이라 볼 수 있지. 이것이 삼각형을 삼각형답게 하는 중요한 정체성이야.

그런데 삼각형의 이 운명적인 성질은 이미 그 안에 들어 있었고 그것은 직선의 성질로부터 유전받은 거야. 그래서 누군가 삼각형의 성질을 밝힌다면 그것은 이미 그 안에 있는 것을 발견하는 것뿐인 거지.

이번에는 다른 방법으로 삼각형 세 각의 크기의 합이 180°인 것을 생각해볼까? 삼각형을 위에서 누른다고 생각해봐. 점점 두 밑각은 작아지겠지. 그러다가 두 밑각이 0까지 한없이 가까워지게 되면 각 A 부분이 점점 곧게 뻗어 거의 직선이 될 거야. 그래서 각 A 부분의 각도는 점점 180°

와 가깝게 되지. 이런 과정을 통해 보면 직선과 삼각형 내각의 크기의 합이 180°인 것이 서로 관련 있다는 것을 알 수 있어. 이번에도 직선을 이용했네!

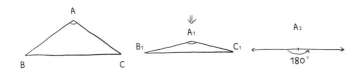

잘 이해가 안 된다면 다시 한번 자세히 살펴보자. 두 밑각 B, C가 점점 작아질수록, 각 A가 삼각형 내각의 크기의 합의 대부분을 차지하게 되잖아. 그러다 꺾여 있던 각이 결국 완전히 펴지면서 직선이 되면 두 밑각은 0이 되고 각 A의 크기가 삼각형 내각의 크기의 합이 되지.

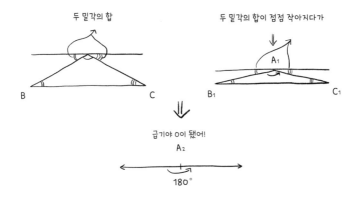

그런데 이 경우는 점 A를 지나 두 점 B, C를 지나는 직선과 평행한 평행선이 단 하나만 존재한다는 조건일 때만 가능해. 평면이 휘어 있으면 그렇지 않을 수도 있어.

평면이 아닌 지구와 같이 둥근 표면에 있는 삼각형을 생각해봐. 이때는 평면에 있는 삼각형과는 달라. 삼각형 ABC의 내각의 크기의 합도 평면에서와 달리 180°보다 커.

다음 그림을 보면 구면 위에서는 점 A를 지나면서 두 점 B, C를 지나는 선과 평행한 평행선이 존재하지 않는다는 것을 알 수 있어. 구면 위에서는 점 A를 출발해 어떤 방향으로 직진하더라도 두 점 B, C를 지나는 선과 만나게 돼. 여기에서 선은 계속 원 둘레를 돌지.

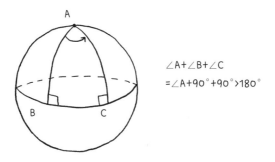

$$\angle A + \angle B + \angle C$$
$$= \angle A + 90° + 90° > 180°$$

지금까지의 이야기를 정리해보면, 삼각형 DNA의 중요한 핵심 두 가지를 밝힐 수 있어. 먼저 내각의 크기의 합은 두 개의 직각, 즉 180°라는 거야. 그리고 나머지 하나는 내각의 크기의 합이 180°인 삼각형은 평평한 평면에 존재한다는 거지.

'변'과 '각'의 아름다운 관계

삼각형의 각과 변 사이에는 어떤 관계가 있을까?

경계라는 것이 중요하다고 했던 말 기억나? 삼각형의 경계는 꼭짓점과 변이야. 이것이 삼각형의 특징, 즉 정체성을 결정해. 우선 내각과 변 사이의 관계를 알아보자.

삼각형 각 사이의 관계를 보면, 어떤 한 내각의 크기가 다른 내각들의 크기에 비해 압도적으로 큰 경우를 발견할 수 있어.

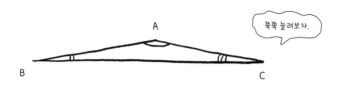

그렇다면 삼각형 변 사이의 관계도 한번 살펴보자. 삼각형 내각에서처럼 압도적으로 긴 변이 존재할 수 있을까?

각 사이의 관계와 달리 삼각형의 변은 한 변의 길이가 아무리 크다고 해도 다른 두 변의 길이의 합보다 작을 수밖에 없어. 그래서 어떤 한 변이 다른 변들에 비해 압도적으로 길지는 않아.

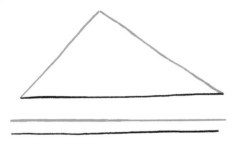

이런 삼각형의 각과 변은 서로 밀접하게 연관되어 있어서 다양한 멋진 모습을 보여줘.

그중에서도 변과 각 사이에 특정한 상관관계가 이루어지는 삼각형들이 있는데, 그들이 바로 정삼각형, 이등변삼각형, 직각삼각형과 같은 것들이야. 수학의 세계에서는 이처럼 변과 각이 특정한 관계를 맺고 있는 것을 아름답다고 생각해.

우선 정삼각형을 살펴볼까?

'세 변의 길이가 모두 같은 삼각형'을 정삼각형이라고 해.
삼각형에서는 세 변의 길이가 모두 같으면, 그 영향으로 세
내각의 크기도 모두 같게 돼. 각의 관계와 변의 관계가 서
로 강하게 연결되어 있지. 일반적이지 않고 특별한 경우인
거야. 정삼각형은 이런 멋진 균형감과 대칭성 덕분에, 다른
삼각형들의 부러움을 한몸에 받고 있을지도 몰라.

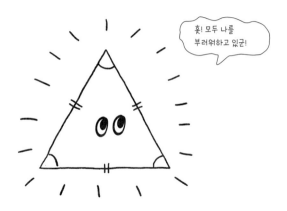

홋! 모두 나를
부러워하고 있군!

인간 세계에서도 다르지 않아. 정삼각형을 보면 어떤 단
어들이 생각나? 나는 안정감, 균형감 같은 말들이 떠올라.
사회성, 인성과 같은 특성이 어느 한쪽으로 치우치지 않고
고르게 발달된 사람이나 공정성, 합리성을 모두 갖춘 조직

을 생각하면 안정감과 균형감이라는 단어가 자연스럽게 연상되지?

실제로 정삼각형은 균형 있고 안정적인 분배와 평등을 의미하는 상징으로 사용되지. 세 점과 세 변이 모든 면에서 똑같기 때문에 차별 없이 한결같이 고르다는 느낌을 자연스럽게 전해주거든. 특히 권력이 골고루 분배된 건강한 민주주의의 상태를 정삼각형을 활용해 표현하기도 해.

민주주의 국가에서는 입법, 사법, 행정의 삼권분립을 국민의 자유와 권리를 보장하는 국가의 기본 원리라고 보거든. 그 무엇보다 국가에 중요한 요소라고 할 수 있지. 권력이 골고루 분산된 평등한 사회가 정삼각형처럼 균형 있고 안정적인 사회 아니겠어?

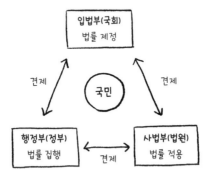

다음으로 이등변삼각형에서 변과 각의 관계를 살펴볼까?

이등변 삼각형은 '두 변의 길이가 같은 삼각형'을 말해. 이번에는 두 변의 길이가 같으므로 두 내각의 크기가 같게 돼. 정삼각형과 같이 변과 각이 관계를 맺고 있는 거지.

마지막으로 직각삼각형의 각과 변의 관계도 살펴보자.

직각삼각형의 각이 갖는 특징은 대부분 잘 알고 있어. 한 각이 직각이므로 나머지 두 각의 크기의 합도 직각이라는 거지. 하지만 직각삼각형은 변 사이에도 밀접한 관계가 있어.

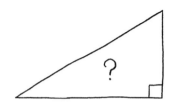

우리에게 잘 알려진 피타고라스의 정리가 바로 직각삼
각형의 세 변이 갖는 절묘한 관계를 밝혀낸 결과로 만들어
진 거야. 이 관계를 동양에서는 구고현의 정리라고도 불러.

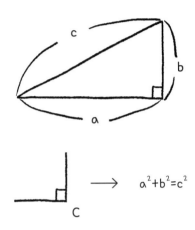

$$a^2+b^2=c^2$$

$a^2+b^2=c^2$에서 탄생한 이집트 피라미드

본격적으로 피타고라스의 정리에 대해 알아볼까?

직각삼각형에서 가장 큰 변의 길이를 c라 하고 나머지 변들의 길이를 a, b라 하면 다음의 공식이 성립해.

$$a^2+b^2=c^2$$

반대로 공식이 성립한다면 삼각형의 한 각이 직각인 것도 알 수 있지. 또한 삼각형에서 한 각이 직각일 때 두 변의 길이가 주어져 있다면, 나머지 한 변의 길이도 찾을 수 있어. 그만큼 각과 변이 특별한 관계를 맺고 있기 때문이지.

실제로 피타고라스의 정리는 건축 분야 곳곳에서 그 흔적을 발견할 수 있어. 특히 고대 이집트의 피라미드를 비롯한 놀랄 만한 건축물들에는 수학의 세계가 인간 세계와 갖는 밀접한 관계가 숨겨져 있지. 건물을 지을 때는 무엇보다 기둥을 땅과 수직이 되도록 세우는 것이 매우 중요하잖아? 그렇다면 그 오래전 이집트인들은 어떻게 기둥을 땅과 직각이 되도록 세울 수 있었을까?

아마도 이집트인들은 직각삼각형을 이용했을 것이라 추측할 수 있어. 오늘날 밝혀진 바에 따르면 이집트인들은 경험을 통해 삼각형 세 변의 길이가 3:4:5의 비가 되면 직각삼각형이 되는 줄 알았다고 해. 그렇지만 이집트인들은 실용적인 사고를 하는 사람들이라 세 변의 길이 비가 3:4:5를 이루면 왜 직각삼각형이 되는지는 깊이 생각해보지 않았어.

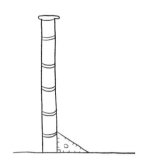

반면 그리스인들은 이집트인들과는 달리 어떤 일이 발생했을 때 그것이 발생한 원인이 무엇일까를 궁금해하고, 그 이유를 합리적으로 찾으려고 노력했던 민족이었어.

원인 ——→ 결과

그래서 변의 길이 비가 3:4:5일 때, 왜 삼각형의 한 각이 직각이 되는지 열심히 탐구했고 결국은 증명에 성공했지. 이것이 바로 유명한 피타고라스의 정리야. 즉 삼각형의 세 변의 길이가 a, b, c일 때 $a^2+b^2=c^2$이면 직각삼각형이 되고, 직각삼각형이면 변의 길이 관계에서 $a^2+b^2=c^2$이 되어야만 한다는 것을 증명한 거지.

이 책의 끝에서 피타고라스 정리의 증명에 대해 이어서 이야기할게. 의미가 깊은 이야기이니 기대해.

우리가 현실 세계에서 보는 직선, 삼각형은 완벽한 직선이고 완벽한 삼각형일까? 세상에 완벽한 직선, 완벽한 삼각형은 없어. 단지 완벽에 가까운 비슷한 모양을 할 뿐이야. 현실에서의 불완전하고 흠이 있는 모습을 마음속의 추상이라는 과정을 거쳐 완벽한 직선이나 삼각형의 모습으로 상상하는 거지.

즉 우리가 생각하는 도형은 추상을 통해 완벽한 도형으로 재탄생하는 거야. 그 말은 도형이 인간의 감각 너머에 존재한다는 이야기이고, 사람이란 완벽하진 않지만 완벽함을 마음속에 두고 이를 향해 나아가는 존재라는 의미이기도 해.

어쩌면 도형의 세계란 현실을 벗어나야만 볼 수 있는 아름답고 완벽한 초월적인 세계인 거지. 그리고 수학 정신은 완벽한 초월적인 세계를 추구하는 것에 있어. 도형 속에 존재하는 본질을 찾아 도형을 도형답게 하는 특성을 발견하고, 이름을 지어주고 개념을 부여하면서 도형의 더욱더 아름다운 모습을 발견하게 되는 거지.

다시 말해 사람들은 수학을 통해 도형의 세계를 설명하게 되고 아름답고 완벽한 초월적인 도형의 세계를 경험하게 되는 거야. 그런 의미에서 수학은 불안전한 인간 세계와 완벽한 도형의 세계를 연결하는 다리bridge의 역할을 하는 셈이지.

다각형에서 발견한 삶의 공식

사각형, 오각형, 육각형을 분해하면 무엇이 나올까?

도형은 평면에서 몇 개의 선분으로 이루어졌는지에 따라 삼각형, 사각형, 오각형 등으로 불러. 그들을 통틀어서 다각형이라고 부르지. 그리고 다각형에서 한 점과 그 점과 이웃하지 않는 다른 점을 이은 선분을 대각선이라 불러.

대각선

그런데 다각형의 한 점에서 그을 수 있는 대각선을 모두 그린 후에 살펴보니, 그 다각형들 안에 다각형의 기본 단위인 삼각형들이 있는 거야.

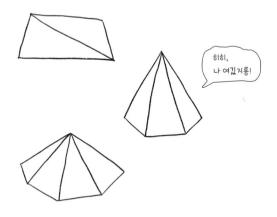

즉 다각형은 그림과 같이 여러 개의 삼각형으로 다시 나눌 수 있는 거지. 수학에서 나누는 것을 흔히 분해라고 하는데, 분해는 복잡한 것들을 간단한 것들로 나누는 것을 의미해. 복잡한 것을 단순화하면 보기에도 간단해 보이고 본질적인 것 또한 생각할 수 있어서, 수학에서는 분해의 방법을 사용할 때가 많아.

이런 이유로 도형에서도 분해를 하는데 복잡한 다각형도 분해하면 다각형의 기본이 되는 단순한 삼각형으로 분해할 수 있는 거야.

사각형은 2개의 삼각형, 오각형은 3개의 삼각형, 육각형은 4개의 삼각형으로 각각 분해가 되지. 그런데 다각형 선분의 개수와 다각형을 이루는 삼각형의 개수를 가만히 다시 한번 살펴봐.

사각형: 선분 4개, 삼각형 2개

오각형: 선분 5개, 삼각형 3개

육각형 :선분 6개, 삼각형 4개

뭔가 규칙이 보이지? 맞아. 다각형은 다각형의 선분의 개수보다 2개 적은 수의 삼각형으로 나눌 수 있어. 이때 다각형의 변의 개수를 n으로 표시하면 다각형 안에 있는 삼각형의 개수는 (n-2)라고 할 수 있지.

그리고 다각형이 삼각형으로 분해될 수 있다는 것을 안다면 삼각형 내각의 크기의 합이 180°인 것을 이용해 쉽게 다각형의 내각의 크기의 합도 구할 수 있지 않을까?

즉 다각형 안의 삼각형 개수와 삼각형 내각의 크기의 합 180°를 곱하면 쉽게 다각형 내각의 크기의 합을 알 수 있어.

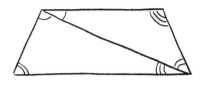

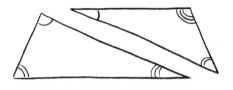

사각형은 삼각형이 2개 있으니까 사각형 내각의 크기의 합은 180°×2=360°가 되는 거지. 같은 방식으로 오각형과 육각형의 내각의 크기의 합도 구할 수 있어.

사각형: 180°×2=360°

오각형: 180°×3=540°

육각형: 180°×4=720°

혹시 여기에서 규칙을 발견했어? n개의 선분으로 둘러싸여 있는 n각형 내각의 크기의 합이 가진 규칙 말이야. 수식으로 써보면 다음과 같이 표현할 수 있어.

n각형 내각의 크기의 합=180°×삼각형의 수

=180°×(n-2)

수식을 활용해 다시 한번 풀어보자.

사각형: 180°×(4-2)=360°

오각형: 180°×(5-2)=540°

육각형: 180°×(6-2)=720°

이렇게 다각형들은 삼각형 덕분에 자신의 내각의 크기의 합을 쉽게 알 수 있게 되었어. 다각형들은 내각의 크기의 합이라는 문제를 삼각형으로 분해하는 방법을 통해 해결한 거지.

인간 세계에서도 마찬가지야. 자신을 보다 더 정확히 알기 위해서는 스스로를 분해해보는 것이 중요한 것 같아. 다각형도 자신을 삼각형으로 분해하고 그 내각의 크기의 합을 이용해 자신의 내각의 크기의 합을 구했잖아. 도형뿐만 아니라 수의 정수도 소수의 도움으로 자신을 소인수분해함으로써 자신이 어떻게 구성되어 있는지를 알 수 있어.

수뿐만 아니라 문장도 주어, 서술어, 목적어 등의 문장 구성 성분들을 분석하고 분해할 때 의미를 더 깊게 파악할 수 있잖아. 전체의 성질이 부분들의 성질에 담겨 있기 때문에 전체를 부분으로 분해할 때 보다 더 자세하게, 분명하게 자신의 모습에 대해 잘 알게 되는 것 같아.

우리도 살아가면서 많은 문제를 만나게 되잖아? 때로는 해결 방법을 몰라 당황하고 허둥거리게 되는 경우도 많아. 그럴 때 당면하고 있는 문제들이 왜 발생했는지, 어떤 과정을 거쳤는지, 나는 어떻게 반응했는지 등에 관해 의미 있는 요소들로 분해해 파악하다 보면 지혜로운 해결 방법이 떠오르는 경우가 많거든.

또한 삼각형 내각의 크기의 합을 통해 다각형 내각의 크기의 합을 알 수 있다는 사실은 인간 세계에서 우리가 받는 다양한 다른 존재의 도움을 떠올리게 해. 가만히 떠올려 보면 지금의 내가 되기까지 살아가면서 여러 사람의 도움을 받았다는 생각이 들 거야. 부모님, 친구, 선생님, 자연….

그 도움들을 생각할 때마다 감사를 잊어서는 안 되겠지? 어느 것도 혼자의 힘으로 이루어낸 것은 없어.

외각 불변의 법칙
– 뾰족함이 모이면 360°

이제 눈을 돌려 삼각형 밖을 살펴볼까? 삼각형의 안과 밖은 어떤 관계를 맺고 있을까?

삼각형 내각의 크기의 합은 180°라는 것을 알았으니, 이제 다음 그림 삼각형 ABC를 봐.

점 B에서 시작해서 선분 BC를 연장한 반직선을 생각해보면, 내각 c에 대해 또 다른 각 d가 보이지? 내각과 이 각의 크기를 합하면 직선이 되어 180°를 이루게 돼. 이때 각 d를 내각의 바깥에 있다고 해서 외각이라 불러.

1개의 꼭짓점에서 내각과 외각을 합치면 일직선이 되니까 당연히 180°가 되겠지.

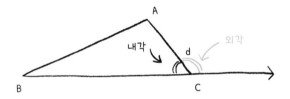

그렇다면 삼각형 세 외각의 크기의 합은 얼마일까? 외각의 크기의 합도 삼각형의 성질을 결정짓는 정체성, 즉 삼각형 DNA 중의 하나야.

1개의 꼭짓점에서 외각과 내각의 크기의 합은 180°라는 것을 알았으니, 3개의 꼭짓점을 갖는 삼각형의 내각과 외각의 크기의 합은 180°×3=540°가 되지.

그렇다면 삼각형 3개 꼭짓점의 외각의 크기의 합은 당연히 내각과 외각의 크기를 합한 540°에서 삼각형 내각의 크기의 합인 180°를 빼면 구할 수 있어.

즉 삼각형 외각의 크기의 합은 540°-180°=360°가 되네.

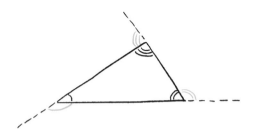

그렇다면, 사각형 외각의 크기의 합은 어떨까?

사각형은 4개의 내각과 외각이 있지. 꼭짓점 1개에서 내각과 외각의 크기의 합이 180°이므로 4개의 내각과 외각의 크기의 합은 180°×4=720°이고, 이 중 외각 4개의 크기의 합을 구하려면 사각형 내각의 크기의 합을 제외하면 돼.

사각형 내각의 크기의 합은 180°×2=360°이니까 사각형의 외각의 크기의 합은 720°-360°=360°가 되는 거야.

어! 신기하게도 삼각형과 사각형 외각의 크기의 합이 같네.

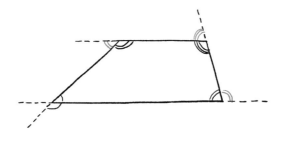

이제 오각형을 살펴볼까?

오각형은 5개의 내각과 외각이 있지. 그러니 5개의 내각과 외각의 크기의 합은 180°×5=900°야. 이 중 오각형의 5개의 내각의 크기의 합인 180°×3=540°를 제외하면 외각의 크기의 합만 나오므로 오각형 외각의 크기의 합은

900°-540°=360°라고 구할 수 있어.

오각형 외각의 크기의 합도 삼각형, 사각형처럼 360°가
되네!

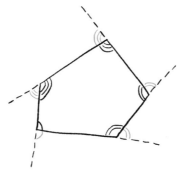

삼각형 외각의 크기의 합: 540°-180°=360°

사각형 외각의 크기의 합: 720°-360°=360°

오각형 외각의 크기의 합: 900°-540°=360°

그러면 육각형, 칠각형도 외각의 크기의 합이 360°일까?

모든 다각형 외각의 크기의 합이 360°인가? 의문이 생기
지? 이걸 확인하려면 무한히 많은 다각형 외각의 크기의 합
을 모두 계산해야 하는데, 그렇게 하기는 너무 힘들겠지?

'모든 다각형 외각의 크기의 합은 360°인가?'와 '임의의 다

각형 외각의 크기의 합은 360°인가?'라는 질문은 서로 같아.

그래서 임의의 어떤 n각형을 생각해보기로 했어. n각형의 외각의 크기의 합을 구하는 과정을 다음과 같이 정리해볼 수 있지.

(1) 내각+외각의 크기의 합 $180° \times n \cdots ①$

(2) 내각의 크기의 합 $180° \times (n-2) \cdots ②$

(3) 외각의 크기의 합 $① - ② = 180° \times n - 180° \times (n-2)$

(4) 결과 항상 $360°$

와! 놀랍지? 이 과정에 따라 풀어보면 어떤 다각형도 외각의 크기의 합은 항상 360°라는 것을 알 수 있어. 이번에는 또 다른 방법으로 생각해볼까?

다음 그림을 보면 외각이 클수록 내각은 더 뾰족하다는 것을 알 수 있어. 이 말은 반대로 외각이 작을수록 삼각형의 뾰족함 정도는 둔하다는 것을 의미하지.

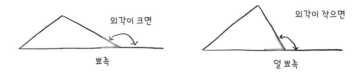

그렇다면 이제 삼각형의 한쪽을 잘라볼까? 어떤 도형이 될 거 같아? 바로 사각형이야.

삼각형의 뾰쪽한 각이 부러져서 사각형의 덜 뾰쪽한 각 두 개가 되었지. 이때 외각이 어떻게 변했나 볼까? 원래 삼각형의 뾰쪽한 각의 외각은 ∠3이고, 사각형의 덜 뾰쪽한 각 두 개의 외각들의 크기의 합은 ∠1+∠2이지.

우리는 삼각형 내각의 크기의 합은 180°라는 것을 이미 알고 있어. 그리고 삼각형의 한 외각의 크기는 그와 이웃하지 않은 두 내각의 크기의 합과 같으므로 ∠3=∠1+∠2와 같이 정리할 수 있어.

즉 삼각형에서 사각형으로 변하면, 내각의 크기의 합은 180°에서 360°로 바뀌지만, 외각의 크기의 합은 360°로 변하지 않는 거야. 사각형에서 오각형으로 변해도 마찬가지야. 내각의 크기의 합은 360°에서 540°로 바뀌지만, 외각의 크기의 합은 360°로 바뀌지 않아. 결국 다각형들은 부서져도

뽀쪽함의 합, 즉 외각의 크기의 합을 보존하도록 운명지어진 거지.

뽀쪽함의 합은 360°! 즉 외각의 크기의 합이 360°라는 것은 다각형의 정체성 중의 하나인 거야.

만약 삼각형을 비롯한 다각형들이 깊이 생각할 수 있는 존재였다면, 이런 감정을 느끼지 않았을까?

'다각형들은 자신의 정체성을 깨닫게 되어 너무 기뻤어. 특히 삼각형은 자신이 외각의 크기의 합이 360°인 다각형이라는 종족에 속하고, 그중에서 내각의 크기의 합이 180°인 부족에 속하는 것을 알게 되었지. 그리고 다각형에 관한 모든 일이 자신의 특징으로부터 나온다는 것을 깨닫고, 도형의 세계에 대해서 잘 알 수 없지만 뭔가 심오한 사명감을 느꼈어.'

우리가 살아가는 모습도 도형의 뽀쪽함이 변하는 모습과 비슷한 것 같아. 우리 안에 있는 모난 모습들, 그 뽀쪽함은 나를 찌를 뿐만 아니라, 내 옆에 있는 사람들을 찌르기도 하지. 다각형들이 부서지고 깎여 덜 뽀쪽한 모습이 되어가듯이, 우리도 우리의 모난 부분이 깎이는 과정을 통해 보다 부드러운 모습이 되어가지.

그렇지만 외각의 크기의 합이 360°로 변하지 않듯이, 우리의 뾰족한 모난 부분은 여러 면으로 나뉘어 그 정도가 무디어졌을 뿐이야. 어딘가에 존재하고 있다가 불쑥불쑥 예전의 모난 모습들을 보여주기도 해. 이럴 때 우리는 자신의 성숙이 정체되어 있다고 느끼며 슬퍼하게 되지. 무엇이 필요할까?

좀 어려운 이야기지만 도형에 구멍이 나면 절대 변하지 않을 것 같았던 뾰족함의 합도 변한다고 해. 이것을 수학에서는 본질적인 성질이 변했다고 하지. 본질을 변하게 하는 것, 그것이 도형에서는 구멍이라면 우리를 변화시키는 구멍이란 무엇일까? 그것을 찾아나가는 것이 바로 성숙의 과정이 아닐까?

[질문] '모든 다각형 외각의 크기의 합은 360°인가?'라는 질문과 '임의의 다각형 외각의 크기의 합은 360°인가?'라는 질문은 왜 같을까?

일상에서 발견한
외각의 원리

외각은 실생활에서 어떻게 쓰일까?

도형의 세계를 나와 인간 세계에 있는 자동차를 이용해 좀 더 재미있게 이해해보자.

자동차가 움직이는 모습을 하늘에서 내려다본다고 생각해봐. 다음의 그림을 함께 보면 이해하기 쉬울 거야. 자동차가 앞으로 똑바로 가야 하는데 길을 잘못 들어 왼쪽의 골목길로 들어가게 됐어. 90° 회전한 거지. 마침 잘 정비된 도로라서 길은 사각형 바둑판 모양과 같아.

이때 다시 제자리로 가려면 어떻게 해야 할까? 방향을 틀어야겠지. 왼쪽으로 90° 돌고, 다시 왼쪽으로 90° 돌고, 또 왼쪽으로 90°를 회전한다면 결국 360°를 돌아서 제자리로 돌아올 수 있어. 이제 직선 방향으로 똑바로 가면 되겠지. 이것이 직사각형 외각의 크기의 합이야.

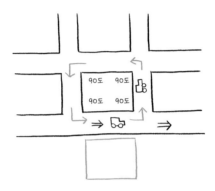

원형의 도로는 어떨까? 원이 360°라는 것은 우리 모두 알고 있으니까, 당연히 제자리로 오려면 360°를 돌아야겠지.

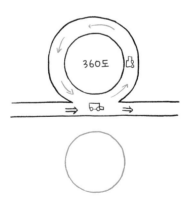

오각형 도로도 마찬가지야. 제자리에 오려면 한 바퀴, 즉 360°를 돌아야겠지. 그래서 오각형 외각의 크기의 합도 360°라는 것을 다시 한번 알 수 있어.

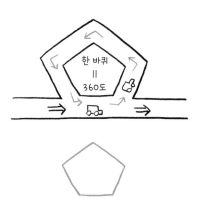

가는 중에 오목한 길이 나와도 결국은 360°를 돌아야 제자리로 올 수 있어.

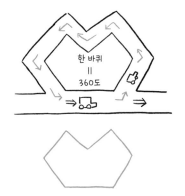

결국 오목 다각형 모양의 길을 비롯해 모든 다각형 모양의 길은 한 바퀴를 돌아야 제자리로 올 수 있고, 이때 외각의 크기의 합은 모두 360°라는 것을 알 수 있지.

[질문] 다음의 각 1번부터 각 8번까지 각의 크기를 모두 합한 값은 얼마일까?

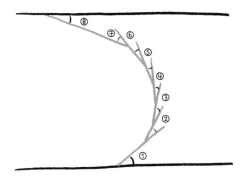

직선·반직선·선분
■ 중학 수학 1-2

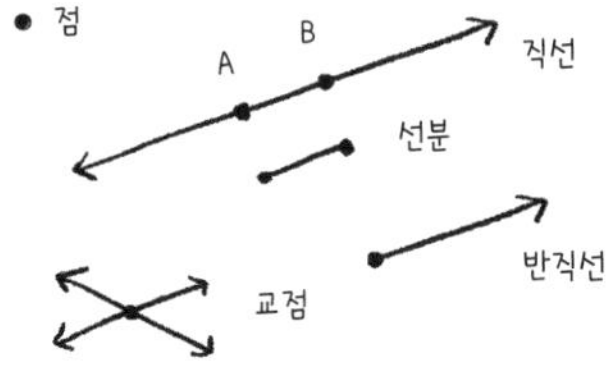

각
■ 중학 수학 1-2

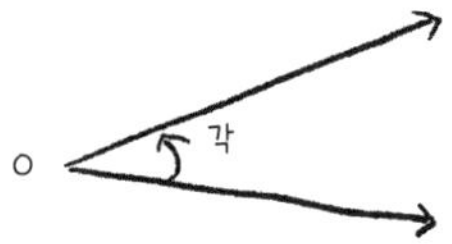

동위각과 엇각
■ 중학 수학 1-2

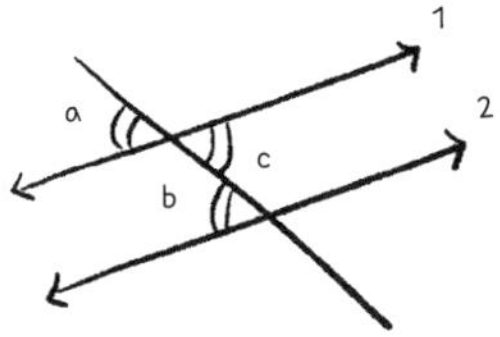

직선 1과 직선 2가 평행하면
∠a = ∠b 동위각 / ∠b = ∠c 엇각

삼각형 내각의 크기의 합
■ 중학 수학 1-2

삼각형 세 내각의 크기의 합=180°

삼각형의 성질

두 변의 길이가 같은
이등변삼각형

세 변이 모두 같은
정삼각형

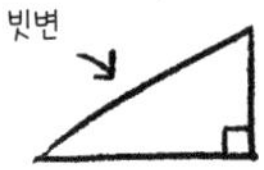

한 각이 직각인
직각삼각형

피타고라스의 정리
■ 중학 수학 2-2

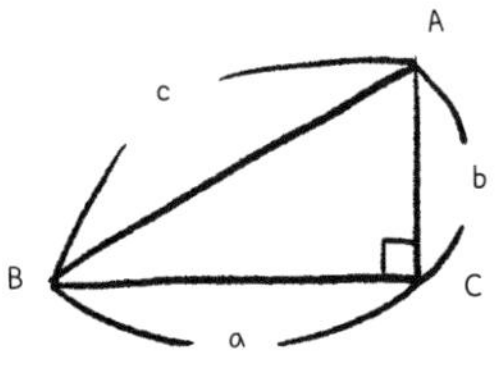

$a^2 + b^2 = c^2$

다각형의 내각
■ 중학 수학 1-2

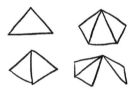

삼각형 개수	내각의 크기의 합
1	$180°$
2	$180° \times 2$
3	$180° \times 3$
n	$180° \times (n-2)$

다각형의 외각
■ 중학 수학 1-2

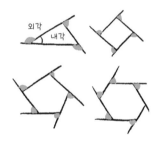

외각 내각

다각형 외각의 크기의 합 $= 360°$

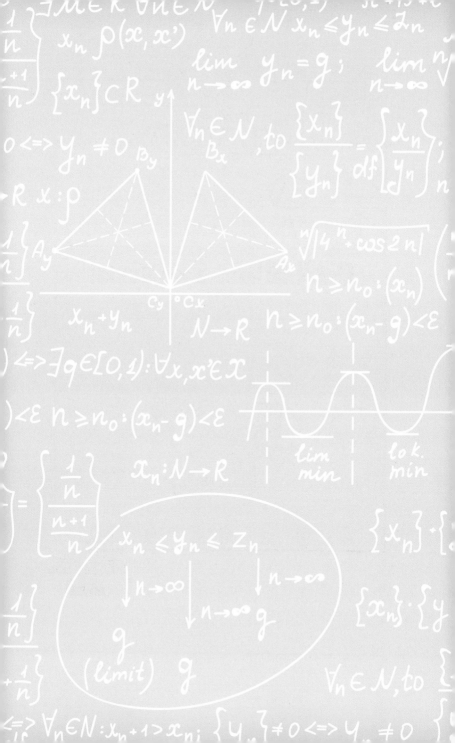

2강

이토록 완벽한 도형이라니!
사각형·원·무게중심

넓이는 어떻게 구할 수 있을까?

다각형의 크기는 어떻게 구할까?

평면에는 여러 가지 모양의 다각형들이 있지. 둘레가 같은 다각형 중 어떤 다각형의 크기가 가장 큰지 궁금하지 않아? 다각형 사이의 크기는 어떻게 비교할 수 있을까? 이때 다각형들의 크기는 다른 말로 '평면에서 얼마큼을 차지하고 있느냐'라고 바꿀 수 있어.

인간 세계의 땅의 모양이든, 수학의 세계에서 다각형의 모양이든 변으로 둘러싸여 있는 안쪽의 부분을 면이라고 불러.

이 안쪽 면의 크기를 어떻게 나타내면 좋을까?

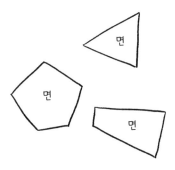

    선분이 여러 개인 경우 길다, 짧다를 비교하기 위한 기준은 단위 길이잖아. 1mm, 1cm, 1m 등 길이를 나타내는 단위를 많이 들어봤을 거야. 이때 선분의 크기는 '자'라는 도구를 활용해 어렵지 않게 그 길이를 잴 수 있어. 각 또한 '각도기'라는 도구를 이용해 어렵지 않게 측정할 수 있지.

    그렇다면 면에도 크기를 잴 수 있는 자나 각도기와 같은 편리한 도구가 있을까? 면의 크기는 넓이나 면적이라고 부르는데, 아쉽지만 이것을 바로 측정할 수 있는 도구는 없어. 그래서 면은 길이나 각과 달리 '잰다'라는 표현을 쓸 수가 없지.

    면의 크기는 어떻게 구하면 좋을까? 자나 각도기 같은 도구도 없는데 말이야. 하지만 방법이 있지. 도구가 없다면 기준을 만드는 거야. 길이를 잴 때 사용했던 1mm, 1cm,

1m 등과 같은 단위 말이야.

먼저 면의 크기를 알기 위해 면의 기본단위를 정사각형으로 정했어. 모두 알고 있듯이 정사각형이란 네 각이 모두 직각이고 네 변의 길이가 같은 사각형을 말하잖아. 이제 면의 넓이를 여러 가지 크기의 정사각형들로 채워서 구하는 거야.

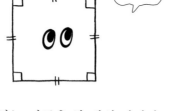

면의 크기를 구하는 기준을 한 변의 길이가 1인 정사각형으로 하고, 그것의 넓이를 1이라고 정했어. 그러면 다각형 안에 넓이가 1인 정사각형이 몇 개 있느냐가 그 다각형의 넓이가 되는 거지.

예를 들어 다음의 그림과 같이 넓이가 1인 정사각형이 4×3=12개 들어 있는 직사각형의 넓이는 12가 돼.

직사각형의 넓이=가로의 길이×세로의 길이

=4×3=12

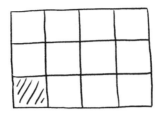

그렇다면 삼각형의 넓이는 어떻게 구하지? 정사각형이
잘 들어가지 않는다면, 정사각형을 조각 내어 넣어도 돼.
다음 그림의 삼각형은 온전한 정사각형 1개와 이를 반으로
나눈 2개가 합쳐진 모양이니까 넓이는 2가 되겠지.

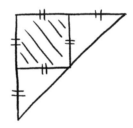

만약 넓이가 1인 정사각형으로 측정하기에는 너무 작은
넓이를 구하고 싶다면 더 작은 정사각형들로 분해하면 돼.
예를 들어, 넓이가 1인 정사각형을 16개의 정사각형으로
분해하면, 작은 정사각형의 넓이는 $\frac{1}{16}$ 이 되겠지? 그보다
작은 25개의 정사각형으로 분해하면? $\frac{1}{25}$ 이 되는 거야.

그런데 생각해보니 삼각형은 사각형의 반…. 그 말은 삼각형의 넓이는 사각형 넓이의 반이라는 말이지.

삼각형 ABC의 한 변AB를 한 변으로 하는 직사각형 ABEF를 만들어 봐. 여기서 선분 AB를 밑변, 선분 CD의 길이를 삼각형 ABC의 높이라고도 해. 그런데 사각형 ADCF도 직사각형이라, 선분 AF의 길이와 선분 CD의 길이가 같아. 그래서 삼각형의 넓이는 "$\frac{1}{2}$×밑변×높이" 가 돼. 참으로 편리하고 놀라운 방법이지.

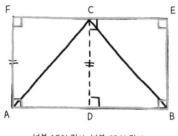

선분 AF의 길이=선분 CD의 길이

그런데 각 B가 예각이나 직각인 삼각형은 넓이가 직사각형의 반이라는 것을 납득했지만, 둔각인 경우에는 받아들이기가 어려웠어.

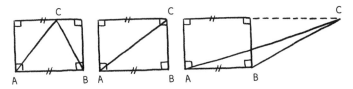

그래서 삼각형 ABC와 똑같은 삼각형을 뒤집어 붙여서 사각형 ABCD를 만들어서, 직사각형 ABEF와의 넓이를 비교하기로 했어.

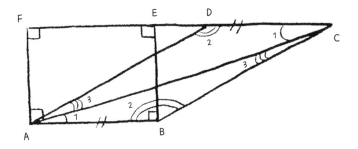

비교해보니 $\overline{FE}=\overline{DC}$가 돼. 그래서 $\overline{FD}=\overline{FE}+\overline{ED}=\overline{DC}+\overline{ED}=\overline{EC}$가 되는 거야.

즉 직각삼각형 ADF 넓이=직각삼각형 BCE 넓이가 되는 거지.

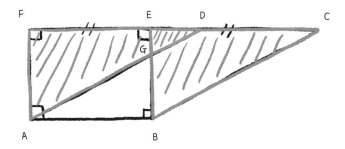

그림을 잘 보니 두 직각삼각형에서 회색 삼각형 GDE를 똑같이 빼보니, 두 개의 파란색 사각형 AGEF와 BCDG의 넓이가 같은 거야! 또 직사각형 ABEF와 사각형 ABCD는 삼각형 ABG을 똑같이 가지고 있으니, 직사각형 ABEF의 넓이=사각형 ABCD의 넓이가 되는 거야.

즉 둔각삼각형 ABC의 넓이=$\frac{1}{2}$사각형 ABCD의 넓이=$\frac{1}{2}$ 직사각형 ABEF의 넓이=$\frac{1}{2}$밑변×높이가 돼!

사각형 ABCD와 같이 두 쌍의 대변의 길이가 같은 사각형을 평행사변형이라고 해. 그런데 ∠ADF=∠BCD, 즉 동위각이 같으니까 변 AD 와 변 BC는 평행해.

그래서 평행사변형 ABCD는 두 쌍의 대변이 각각 평행한 사각형이기도 하지.

가장 넓은 삼각형이 되고 싶어

어떻게 생긴 삼각형의 넓이가 클까?

삼각형의 모양은 여러 가지가 있지? 다음 그림의 여러 가지 삼각형들은 모양이 모두 달라. 그런데 신기하게도 이들처럼 밑변과 높이의 길이가 같은 삼각형은 넓이도 같다는 거야.

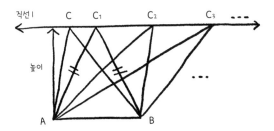

그렇다면 넓이가 같은 삼각형은 둘레의 길이도 같을까?

앞의 삼각형 ABC에서 꼭짓점이 C_1, C_2, C_3…로 옮겨가도 밑변과 높이의 길이가 같다면 삼각형의 넓이는 같아. 그렇지만 둘레의 길이는 계속 길어져. 즉 같은 넓이를 갖는 삼각형이라도 둘레의 길이는 다를 수 있고, 둘레의 길이는 무한하게 길어질 수 있다는 거지.

그리고 이로부터 넓이가 같은 삼각형은 각이 커지면 커질수록, 즉 둔각삼각형이 될수록 길이가 길어진다는 것을 알 수 있어.

그렇다면 길이, 즉 삼각형 둘레의 길이가 같은 삼각형들의 넓이는 어떨까?

다음 그림에서와 같이 선분 양 끝에 실을 묶어 선분 AB를 고정하고, 연필의 뾰족한 부분을 꼭짓점으로 잡아 팽팽한 상태로 이리저리 옮긴다고 생각해봐.

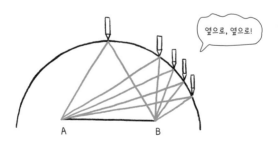

그러면 둘레의 길이가 같은 다양한 모양의 삼각형을 얻게 되지. 이렇게 만들어진 삼각형들은 실의 길이가 고정되어 있기 때문에 길이는 모두 같을 수밖에 없어.

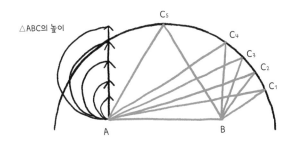

이제 삼각형들의 넓이를 생각해보자. 밑변은 같지만 높이는 C_1, C_2, C_3…로 서로 달라졌어. 여기에서 높이의 길이가 늘어난다는 이야기는 넓이 또한 늘어나고 있다는 이야기인 거지.

삼각형 ABC_1 ~ ABC_5는 같은 둘레의 길이를 가진 삼각형이지만 넓이는 1, 2, 3, 4, 5배로 늘어나. 같은 둘레의 길이를 가지고 있지만 넓이는 꼭짓점 C가 위로 갈수록 커지고, 아래로 갈수록 작아지는 거지.

그렇다면 같은 둘레를 가진 삼각형 중 가장 넓이가 넓은 삼각형은 무엇일까? 밑변이 같기 때문에 높이가 가장 높은 삼각형을 찾으면 해결되겠지? 그 삼각형은 바로 이등변삼각형 ABC_5야.

즉 같은 둘레를 가진 삼각형들이 여러 개 있다면 그중 이등변삼각형의 넓이가 가장 큰 거야.

이제 이등변삼각형의 넓이와 정삼각형 넓이를 비교해 볼까? 삼각형의 세 변을 돌아가며 밑변으로 하여 이 원칙을 적용해 보니 나머지 두 변이 서로서로 같아야 하는 거야. 그래서 둘레의 길이가 같은 삼각형 중에서 넓이가 가장 큰 것은 정삼각형인 것을 알 수 있어. 역시 정삼각형!

이 사실을 통해 도형들은 변신에 대한 획기적인 깨달음을 얻게 되었어. 왜냐고? 같은 조건에서 서로 비교하게 되면 더 많은 것을 바라는 욕구가 싹트게 되거든.

다음 그림을 봐. 정삼각형 ABC가 어쩌다 자기 자신을 직각삼각형 2개로 분해했어. 그러고는 그중 한쪽인 삼각형 ABD에서 변 AD는 고정한 상태로 꼭짓점 B를 이동시켜 둘레의 길이는 같지만 가장 큰 넓이의 삼각형을 그려보려고 했지.

그렇다면 넓이가 큰 이등변삼각형을 그려야겠지? 바로 삼각형 AB_1D야.

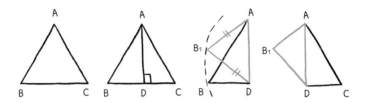

그렇다면 정삼각형 ABC와 새롭게 만들어진 사각형 AB₁DC는 어떤 관계가 있을까?

둘이 길이는 당연히 같아. 넓이도 과연 그럴까?

둘 다 삼각형 ADC를 갖고 있지만, 삼각형 AB₁D가 삼각형 ABD보다 넓이가 커. 이 말은 곧 정삼각형 ABC보다 사각형 AB₁DC의 넓이가 크다는 말이야. 정삼각형 ABC는 큰 충격을 받을 수밖에 없었어. 똑같은 둘레의 길이를 갖고 있어도 삼각형보다 사각형의 넓이가 더 크다니!

사각형이 무한으로 커지면
무엇이 될까?

같은 둘레를 가진 경우, 정삼각형보다 넓이가 큰 사각형이 있다 했지. 같은 둘레의 길이지만 그 어떤 삼각형보다 넓이가 큰 사각형이 있다는 사실을 알자, 그들은 자신들이 자랑스러웠어. 그렇다면 같은 둘레의 길이를 가진 사각형 중에서는 어떤 사각형의 넓이가 가장 클까? 궁금해진 사각형은 삼각형들이 했던 것과 같은 방법을 사용했어. 선분 BD를 밑변으로 삼각형 ABD와 둘레의 길이는 같지만 넓이가 더 큰 이등변삼각형 A_1BD를 만드니, 자연히 원래의 사각형 ABCD보다 사각형 A_1BCD의 넓이가 더 커진 거지.

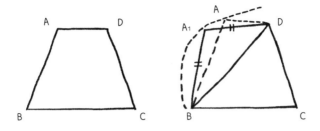

사각형의 네 변에 대해서 모두 이 원칙을 적용한 결과, 둘레의 길이가 같은 사각형 중에서 넓이가 가장 크려면 네 변의 길이가 같아야 한다는 사실을 얻게 되었지. 즉 사각형 네 변의 길이가 같을 때 가장 넓이가 넓은 사각형을 만들 수 있는 거야.

그래서 네 변의 길이가 같은 이 특별한 사각형을 마름모라고 이름을 붙여주었어. 그러면 무조건 네 변의 길이가 같으면 넓이가 가장 큰 사각형이 될까? 그렇지 않아.

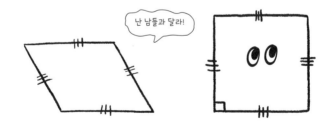

난 남들과 달라!

마름모 중에서도 가장 넓이가 넓어질 때는 모든 내각들이 직각인 정사각형이야. 정사각형이 네 변의 길이가 같기 때문에 마름모에 속한다는 것을 알 수 있지. 정사각형은 내심 뿌듯했어.

그 후 정사각형 ABCD는 삼각형에서 배운 원리를 적용해 모양을 바꿔봤어. 밑변을 고정하고 둘레의 길이가 같은 삼각형 중에서는 이등변삼각형의 넓이가 가장 크다는 원리 말이야.

변 BE를 이용해 삼각형 ABE와 둘레의 길이가 같은 이등변삼각형 A_1BE을 만들어본 거지.

그랬더니 놀랄 만한 일이 일어났어. 그렇게 만들어진 오각형 A_1BCDE가 정사각형 ABCD와 똑같은 둘레의 길이를 갖고 있으면서도, 넓이가 더 큰 거야. 정사각형은 정말 깜짝 놀랐어. 다음 그림을 보면 이해하기 쉬워.

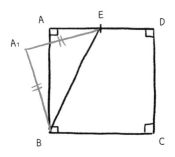

이제 오각형들도 같은 둘레의 길이를 가진 오각형 중에 넓이가 가장 큰 것은 무엇일까 의문을 갖기 시작했어. 그리고 곧 정오각형이 가장 넓이가 큰 오각형인 것을 알게 되었지.

그렇다면 둘레의 길이가 같다는 조건하에 정오각형보다는 정육각형이, 정육각형보다는 정칠각형이, 정칠각형보다는 정팔각형이 넓이가 크다고 할 수 있을까? 가능해.

밑변을 고정했을 때 둘레의 길이가 같은 삼각형 중에서 넓이가 가장 큰 것은 이등변삼각형이라는 원리를 적용해 보니 얻은 결론이지.

같은 둘레의 길이를 가진 삼각형들 중 가장 넓이가 큰 삼각형은 무엇일까로 시작된 여정에서 사용된 이등변삼각형의 원리의 성질은 확장 적용하여 사각형과 오각형뿐만 아니라 육각형, 칠각형 등 다른 다각형에도 똑같이 적용되었어.

그래서 정삼각형보다는 정사각형, 정사각형보다는 정오각형… 정200각형보다는 정201각형… 끝없이 나아가면 어떤 도형이 출현할까? 도저히 다각형으로는 해결할 수 없는 무한 여정이지.

무한으로 이 작업을 지속한다면 결국 이르게 되는 것은

바로 원이야. 원은 같은 둘레의 길이를 갖는 어떤 다각형보다도 넓이가 크지. 그래서 도형들이 넓이를 크게 하려는 시도는 원으로 끝을 맺게 돼.

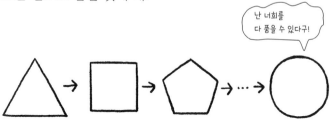

결국 연장에 연장을 더해 생각하니 같은 둘레를 가진 도형 중 가장 넓이가 큰 것은 원이었던 거야.

이것을 인간 세계와 연관시켜보면 어떨까?

다각형들은 결코 그들로는 이룰 수 없을 것 같은 염원 같은 것을 갖게 되었어. 점점 더 큰 넓이로 커지고자 하는 목표가 생긴 거야. 비록 그 과정에서 낙담할 수도 있지만 계속 나아질 수 있다는 가능성은 그 자체로 행복한 거야.

그리고 결국 이런 염원과 욕망은 원의 탄생으로 이어져. 도형의 세계는 이렇게 자신을 확장시키면서 계속해서 앞으로 나아가게 되었어.

우리도 우리의 세계를 확장시켜볼 수 있지 않을까? 현실에 안주한 채로 머물지 말고 우리의 마음을 확장시켜 우주에 이르는 꿈을 꿔보는 것은 어떨까?

톨스토이의 소설 『사람에게는 얼마만큼의 땅이 필요한가?』에는 한 농부의 이야기가 나와.

남의 땅을 농사짓는 소작농이었던 주인공의 꿈은 자신의 땅을 직접 농사짓는 거였어. 그러다 싼 값에 많은 땅을 살 수 있는 마을을 알아내 찾아가게 되었지. 그곳에서는 일정한 돈을 내면 해가 떠 있을 때부터 질 때까지 걸어갔다가 돌아온 만큼의 땅을 모두 가질 수 있었어. 단 해가 질 때까지 출발 지점으로 돌아오지 못하면 땅을 전혀 받을 수 없다는 조건이 있었지.

농부는 최대한 많은 땅을 차지하기 위해 아침 일찍 출발해 쉬지도 않고 계속해서 걸어 멀리까지 갔어. 해가 지기 전에 돌아와야만 했기 때문에, 그의 욕심은 그를 멈추지 못하고 계속해서 걷게 만들었고, 결국 그는 너무 무리해서 약속한 출발 지점에 해가 지기 전 숨 가쁘게 돌아오지만 죽고 말아. 그에게 필요한 땅은 그가 죽어서 묻힐 땅 만큼이었다는 이야기지.

인간에게는 그리 많은 땅이 필요하지 않으니 욕심을 부리지 말고 살라는 내용이야. 하지만 한편으로는 이런 생각이 들기도 해.

인간에게 욕심이 없다면 어떨까? 욕심은 사람들을 망치기도 하지만, 욕심이 있어야만 노력해서 발전할 수도 있고, 무언가를 이룰 수 있는 게 아닐까? 무언가를 이루고 싶은 욕심, 뭔가 되고자 하는 욕심은 발전의 원동력이 될 수도 있어. 소설에서 농부는 욕심을 부리다 죽었지만 자손들은 아마도 그의 욕심 때문에 많은 유산을 받았을지도 모르지.

만약 소설 속의 농부가 같은 둘레의 길이일 경우 정사각형보다는 원의 넓이가 더 넓다는 수학적 사실을 알았더라면 어땠을까? 아마도 그는 정사각형을 만드는 형태로 걷지 않고, 원에 가깝게 걷는 지혜로움을 발휘할 수 있었을 텐데 말이야.

원
– 이리 봐도 저리 봐도 완벽해!

'자'를 이용하지 않고도 과연 길이의 길고 짧음을 알 수 있을까?

길이를 비교할 때 자를 이용할 수 없다면, 선분을 이루고 있는 점들의 수를 세면 어떨까? 점이 4개 있을 때와 5개 있을 때를 생각해보면 점이 5개 있을 때가 당연히 더 클 테니 말이야.

```
1     2     3     4
●     ●     ●     ●


1     2     3     4     5
●     ●     ●     ●     ●
```

그런데 여기에는 문제가 하나 있어. 선분 안에 있는 점은 셀 수 없다는 거야. 그래서 선분들은 세지 않고 길이를 비교하는 방법에는 무엇이 있는지 고민하게 되었어.

선분을 그려보면 보다 짧은 어떤 선분이 다른 선분의 일부분인 경우를 찾아볼 수 있어. 이 경우에는 길이를 쉽게 비교할 수 있지. 다음 그림의 선분 AB는 선분 AC의 부분이므로. 선분 AC는 선분 AB보다 길다고 생각하는 것이 당연하지.

그런데 다음 그림과 같은 경우, 선분 AB와 선분 AD 중 어느 쪽이 더 긴지 알 수 있겠니? 단순히 눈으로 보기에는 선분 AD가 더 길어 보이기는 하지만 수학에서는 그렇게 어림잡아 답을 내지 않아. 눈으로 보이는 것 말고 보다 명확한 증거가 필요해.

이때 길이의 크기를 비교하기 위해 생각해낸 것이 원이야. 원의 무한한 능력을 이제부터 경험해볼래? 우선 원 위의 점에서부터 시작해볼게.

다각형에서의 점과 원에서의 점은 달라. 원 위의 모든 점은 모든 상황에서 똑같아. 둥글게 이어져 있어서 다각형의 꼭짓점과 같이 튀어나온 부분도 없어.

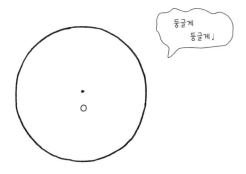

그렇지만 원에는 중심이 되는 점이 있어. 그것을 점 O로 쓰고 원의 중심이라 불러. 중심에서 원에 있는 모든 점까지를 이은 선분의 모든 길이는 항상 같아. 그 선분의 길이를 반지름이라 하기로 했고, 선분 이름도 반지름이라 붙였어.

그리고 중심을 지나는 원 위의 두 점을 이은 선분의 길이를 지름이라 부르고, 그 선분도 지름이라 부르기로 했어. 그러니 반지름과 지름은 선분을 나타내기도 하고 그 선분의 길이를 나타내기도 하지.

다시 그림을 살펴볼까? 선분 AB와 선분 AD 중 누가 더 큰지 알기 위해서 점 A를 중심으로 하는 원의 도움을 받으면 길이의 크기를 간단하게 해결할 수 있다는 생각을 하게 되었지.

원은 중심에서 모든 점들의 길이가 같으니까 선분 AB와 다른 방향의 같은 점을 찾을 수 있다는 것에 생각이 닿은 거야.

원의 도움을 받았더니 다음의 그림처럼 되었어. 원을 그린 후에 보니 선분 AD가 선분 AB보다 크다는 것이 정확히 드러나지?

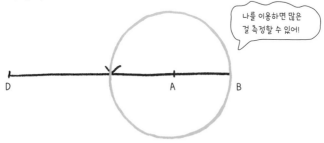

나를 이용하면 많은 걸 측정할 수 있어!

한 직선에 있는 선분들은 원의 성질을 이용해 간단하게 서로를 비교할 수 있게 된 거야.

그런데 다음과 같이 떨어져 있는 여러 선분의 경우에는 이 방법을 적용하기가 어려울 수밖에 없어.

그래서 고민 끝에 다시 A를 중심으로 하는 원에 도움을 청하게 되었어. 그러자 원은 또 다음과 같은 제안을 했지. 원이 움직여서 옮겨져 있어도 원의 크기는 변하지 않으니 원의 반지름을 기준으로 비교해보자는 거였어.

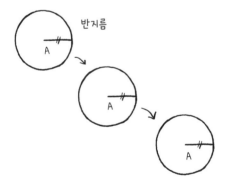

선분 AB의 길이, 즉 반지름의 길이를 1이라 하는 거지.

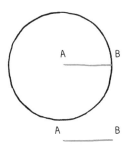

그러면 다음과 같은 경우, 선분의 길이는 반지름의 세 배니까 길이가 3이 되는 거지.

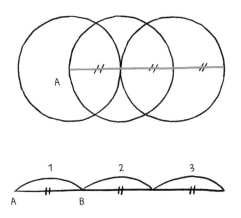

그러면 서로 다른 선에 있는 선분에 적용해보면 어떨까? '선분 2'는 반지름의 두 배 정도인데, '선분 1'은 반지름의

두 배하고도 남는 부분이 있는 것이 보이지? '선분 1'이 '선분 2'보다 길이가 긴 것을 알게 되었어.

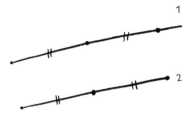

이렇게 원을 이용해 떨어져 있는 선분들의 길이도 비교할 수 있어.

작도
– 원과 직선으로 세상을 보는 법

원을 이용해 만든 창의적이고 기발한 발명품은 무엇일까?

바로 직선을 긋는 눈금 없는 '자', 그리고 원의 원리를 발전시켜서 만든 '컴퍼스'야. 이 두 가지만을 사용해 알맞은 선이나 도형을 그리는 것을 작도라고 해.

그런데 '작도'라는 단어는 철학적으로 매우 심오한 뜻을 품고 있어. 고대 그리스 시대의 철학자 플라톤Platon은 완벽하고도 변하지 않는 비물질적인 세계가 존재한다고 믿었고 그것을 '이데아idea'라고 했어.

우리의 생각과 마음속에 존재하는 완벽한 직선, 원. 그것들의 이데아가 있지만, 우리가 사는 세상에서는 실제로 완벽한 원이나 직선은 만들 수도 없고 볼 수도 없다는 거지. 우리가 원이라고 생각하며 그리고, 부르는 원은 사실 완벽한 원은 아닌 거야. 그렇다면 인간은 원이나 직선 같은 완벽한 도형을 본 적이 없는데, 어떻게 원이나 직선에 대한 개념을 가지고 있는 걸까?

그에 대해 플라톤은 '완벽하고도 변하지 않는 비물질적인 이데아의 세계가 존재하고, 그것에 대해 사람들이 진짜는 아니지만 그것의 모형을 생각하고, 관찰함으로써 완벽한 무언가에 대한 개념을 가질 수 있다'라고 생각했어. 완벽한 무언가에 대한 개념이 바로 '이데아'인 거지.

그는 원과 직선이 이데아 세상에 존재하는 완벽한 도형이라고도 했어. 컴퍼스로 원을 그리고, 자로 직선을 긋는 것은 이데아 세상에 있는 참되고도 완벽한 도형을 현실 세상에서 구현하는 것으로 생각했지. 쉽게 이해하기 어려울 만큼 심오하지.

우리는 가끔 무언가에 대해 정의하면 그것이 그대로 존재한다고 믿고는 해. 그러나 그리스인들은 달랐어. 덥석 믿지 않고 꼼꼼하게 따지고 실제로 증명하기를 좋아했어.

'세 변의 길이가 같은 삼각형은 정삼각형'이라는 정의를 보고 보통 사람들은 '그렇구나' 하고 받아들이지만 고대 그리스인들은 좀 달랐어. 정의에서 사용된 표현이 뜻한 그대로가 존재한다는 것을 어떻게 알 수 있는가에 집중했어.

예를 들어, 황금으로 이루어진 두 날개를 갖고, 발톱이 사자 발톱으로 이루어진 어떤 돼지를 슈퍼 돼지라고 정의한다고 하자. 그런 돼지가 실제로 존재하지 않는다면 이 정의는 그냥 허황된 표현일 뿐인 거지. 그러므로 그리스인들이 뭔가에 대해 정의를 할 때는 이것이 의미가 있느냐, 없느냐와 함께 실제로 존재하는지에 대해서도 살펴보았어.

만약 이데아 세상에 참된 도형, 즉 정삼각형이 있다면 그 의미뿐 아니라 실제로 존재하는지에 대해서도 알아봐야 했던 거지. 그렇다면 그리스 사람들은 도형이 실제로 존재하는지를 무엇을 통해 증명했을까? 바로 '작도'야.

원을 대표하는 컴퍼스와 직선을 대표하는 자를 이용해 작도로 세상에 구현한 도형은 이데아 세상에 존재하는 참된 도형이라고 했지? 그리스인들은 정삼각형을 실제로 작도함으로써 정삼각형이 말 표현뿐 아니라 이데아 세계에 존재하는 참된 도형이라 인정하게 되었어. 이런 이유로 그리스 시대에는 작도의 문제가 매우 중요했어.

고대 그리스 시대의 수학자 유클리드Euclid가 쓴 『원론 Elements』이라는 책은 오늘날까지 전해 내려오는 참으로 위대한 책이야. 이 책에서는 정사각형, 정오각형, 정육각형, 정팔각형에 대해서는 이야기하지만 정칠각형은 이야기하지 않아. 왜일 것 같아? 정칠각형은 작도로 그려낼 수가 없거든. 다시 말해 정칠각형은 작도가 불가능한 도형이기 때문에 세상에서 실현되지 않았고, 그렇다면 그것은 이데아의 세계에 존재한다고 말할 수가 없는 거지.

정칠각형이라는 말은 일곱 개의 변이 같은 칠각형으로, 우리가 생각할 수 있고 머릿속에는 있지만, 작도를 통해 구현해낼 수 없으므로 존재한다고 확신하지 못하는 거지. 그래서 유클리드는 정칠각형을 그의 책에서 뺀 거야. 유클리드를 포함해 그리스인들은 이렇게 대충 넘어가는 경우가 없었어.

혹시 로마에 있는 바티칸궁전에 가면, 화가 라파엘로 Raffaello의 방에 꼭 가봐. 그 방에는 라파엘로의 유명한 그림인 〈아테네 학당〉이 걸려 있는데, 그림 속에 유클리드가 있어.

라파엘로의 그림 속에서 유클리드는 무엇을 하고 있는 줄 알아? 작도하고 있어! 작도의 중요성, 의미에 대해서 라파엘로도 깊이 알고 있었던 것 같아.

이처럼 그리스인들은 작도가 눈에 보이는 현실과 진정한 실재인 이데아를 연결하는 다리라고 생각했어. 작도의 의미에 대해서 다시 한번 생각해 보자.

삼각형의 도플갱어를 찾아라

삼각형을 결정짓는 조건은 무엇일까?

　다음 그림과 같이 두 점을 지나는 직선이 하나 있어. 이때 선분 AB는 양 끝 점에 의해 결정되지.

　만약 선분이 양 끝 점 중 한 점을 잃으면 어떻게 될까? 자기가 어디로 얼만큼 가야 하는지 모르게 되는 거야. 그런데 그런 일이 발생했어. 선분 AB 중 B가 자기의 위치를 잃

어버린 거야. B점의 위치를 찾을 수 있을까?

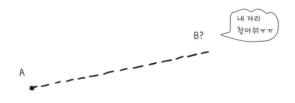

　그때 점 A는 선분 AB와 어울렸던 선분 AC가 생각났어.
물론 점 B를 찾아달라고 도움을 청했지. 다음 그림을 봐.
　선분 AC는 예전에 선분 AB와 이루는 각이 60°인 것을
기억해내고 선분 AC와 60°가 되도록 선을 그려보라고 했
어. 그러면 정확한 점 B를 찾을 수는 없지만 점 B의 방향을
알 수 있다고 했지. 바로 다음 그림의 점선 어딘가에 점 B가
있는 거야.

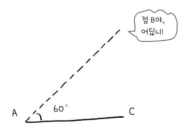

　다음으로 선분 AC는 선분 BC와 이루는 각이 30°였다는
것을 기억하고 점 C에서 시작해 30°가 되게 선분을 그렸

지. 그랬더니 AC와 60°가 되도록 그린 선과 만나는 지점이
생겼어.

"찾았다!"

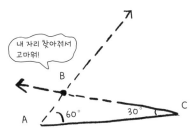

점 B를 찾자 드디어 삼각형 ABC 모습이 생각났어. 이 모
든 게 선분 AC의 도움으로 점 B의 위치를 알아냈기 때문에
가능했던 거지. 스스로의 위치를 지키는 것은 이렇게 중요
한 거야.

삼각형은 세 변과 세 각으로 구성되어 있고, 여기에서 나
온 6개의 정보가 삼각형의 모든 것을 결정하는 정보, 즉 삼
각형의 DNA라고 할 수 있지.

───────── 삼각형의 6요소 ─────────
△ABC ⇔ AB의 길이, BC의 길이, CA의 길이,
∠A의 크기, ∠B의 크기, ∠C의 크기

삼각형 ABC를 똑같이 복제하려면 이 6개의 정보가 있으면 되겠지? 하지만 점 B를 찾아간 과정을 보니 6개 모두 알려주지 않아도 되는 것 같아. 최소한의 것만 알려주는 것이 서로에게 더 경제적일 수도 있어. 그렇다면 최소한의 것이 무엇일까?

위의 상황에서는 선분 AC, 각 A, 그리고 각 C의 각도였어. 3개의 정보만 알아도 자신과 똑같은 삼각형을 복제할 수 있는 거지. 이외에 삼각형을 복제할 수 있는 또 다른 최소한의 정보는 없을까?

우선 세 변의 길이만 주어졌을 때를 생각해볼까? 세 변의 길이가 주어진다면 단 하나의 삼각형만 그려질까? 만약 세 변의 길이로 여러 크기나 모양의 삼각형이 그려진다면 똑같은 삼각형을 복제할 수 있는 조건에서 멀어지게 돼.

이것을 알아보기 위해 원과 직선의 도움을 받아 작도를 해보기로 했어. 쉽게 그리기 위해 가장 긴 변 BC를 아래에 배치해보자. 선분 BC 위에서 컴퍼스를 이용해 선분 AB를 그리려 할 때, 점 A의 위치는 다음 그림과 같이 원 위의 어디에도 찍힐 수 있지.

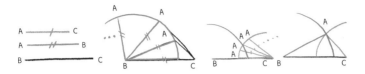

원 어디라도 점 A가 될 수 있지만 점 A를 고정시켜 하나의 삼각형을 만들 수 있도록 잡아주는 것이 변 AC야. 변 AC를 반지름으로 하는 원을 그리면 원이 서로 만나는 지점이 정해지니, 그 지점이 바로 꼭짓점 A가 되고 그것으로 삼각형 ABC가 하나의 모양과 크기로 만들어지게 되지. 이로써 세 변의 길이가 주어진다면 똑같은 삼각형을 복제할 수 있다는 결론에 이르게 되었어.

그리고 이 과정에서 또 알 수 있는 사실이 하나 있어. 긴 변의 길이가 다른 두 변의 길이를 더한 그것보다 크면 삼각형이 만들어질 수가 없다는 거야. 원들이 서로 만날 수가 없기 때문이지.

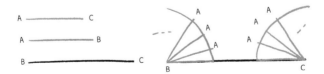

지금까지 똑같은 삼각형을 복제하기 위한 두 가지 조건을 알아봤어. 한 변이 주어지고 그 변의 양 끝 각이 주어지거나 세 변이 모두 주어지는 경우 컴퍼스로 삼각형을 그릴 수 있어.

그리고 또 한 가지 경우가 가능한데, 바로 삼각형에서 두 변과 그사이에 끼인 각이 같은 경우야. 이 경우에도 삼각형의 모양과 크기가 하나로 결정돼.

그림과 같이 선분 AB, 선분 BC의 크기와 각 B의 각도가 주어지면 선분 AC가 결정되어 삼각형 ABC를 그릴 수 있지.

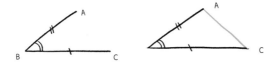

이처럼 삼각형은 세 변, 세 각의 6개 정보가 아닌 다음의 최소한의 조건만으로 모양과 크기가 하나로 정해지게 돼.

(1) 세 변이 주어질 때

(2) 한 변의 크기와 그 양 끝 각의 크기가 주어질 때

(3) 두 변의 길이와 그사이에 끼인 각이 주어질 때

3개의 정보만 있어도 삼각형의 모양이 결정되니, 알려지지 않은 나머지 3개의 조건들은 자동으로 결정되는 거야.

(1) △ABC ⇔ [$\overline{AB}$의 길이, $\overline{BC}$의 길이, $\overline{CA}$의 길이, ?, ?, ?]

(2) △ABC ⇔ [$\overline{AB}$의 길이, ?, ?, ∠A의 크기, ∠B의 크기, ?]

(3) △ABC ⇔ [$\overline{AB}$의 길이, $\overline{BC}$의 길이, ?, ?, ∠B의 크기, ?]

위의 (1), (2), (3)의 경우를 삼각형의 결정조건이라고 해. 결정조건 외에 다른 종류의 세 가지 조건으로는 삼각형의 모양이 한 가지로 결정되지 않아.

예를 들어 세 각의 크기가 주어질 때를 생각해볼까? 다음 그림을 봐. 삼각형 ABC와 삼각형 AB′C′는 세 각이 같지만 크기는 다르잖아. 복제가 아닌 거지.

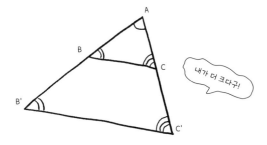

그렇다면 두 삼각형이 똑같은 삼각형의 결정조건을 가지고 있다면? 두 삼각형은 있는 위치만 다를 뿐 모양과 크기는 같은 삼각형이지. 그래서 삼각형의 결정조건은 두 삼각형이 모양과 크기가 같은지, 다른지를 판별하는 조건도 돼.

두 삼각형이 똑같은 모양과 크기라면 이들 삼각형을 합동이라 해. 그래서 두 삼각형을 비교할 때 (1), (2), (3)의 조건을 삼각형의 합동조건이라고 하는 거야.

삼각형의 합동조건을 알고 있다면, 삼각형이 평면 세계를 이곳저곳 여행해 다른 곳에 있더라도 자기와 똑같은, 혹은 복제한 삼각형을 알아보는 것은 식은 죽 먹기지.

좀 더 생각해볼까? 어떤 도형이 가장 튼튼한 구조물을 만들 수 있을까? 삼각형을 보면 안정감이 느껴진다고 했던 말 기억나? 그 말은 사실이야. 느낌뿐만 아니라 실제로도 그래.

삼각형을 살펴볼까? 세 개의 나무를 연결해 삼각형을 만든다고 하면 단 하나의 모양밖에는 만들 수가 없어. 삼각형에서는 세 변이 정해지면, 결정조건으로 모양이 결정되어지잖아. 그만큼 다른 모양으로 변할 가능성도 없으니 튼튼하지.

반면 4개의 나무로 사각형을 만들려고 하면, 사각형의 모양이 고정되지 않고 계속 움직이면서 서로 다른 모양의 사각형을 여러 가지로 만들어내지. 그 말은 고정되지 않아 움직일 수 있는 여지가 많다는 이야기야. 그래서 건물을 튼튼하게 짓기 위해 흔히 삼각형의 구조를 활용하는 거지. 건축에서 사용하는 트러스 구조가 여기에 해당해.

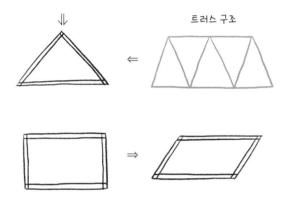

트러스 구조

[질문] 삼각형의 합동조건 (3) '두 변의 길이와 그 사이에 끼인 각이 주어질 때'에서 '사이'라는 표현 없이 '두 변의 길이와 한 각이 주어질 때'라고 해도 삼각형의 합동조건이 될까?

원과 직선이 만났을 때

다각형들이 최종적으로 되고자 하는 완벽한 원. 그러나 홀로 있자니 쓸쓸하고 외로웠어.

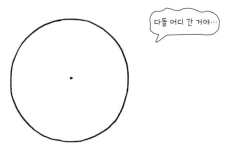

다들 어디 간 거야…

그러던 어느 날, 직선이 원을 스쳐 지나갔어. 무언가와의 만남, 따뜻함, 포근함, 위로받을 수 있다는 느낌을 느꼈지.

아쉬움을 달래기 위해 원은 직선과 만났던 점을 다시 기억해봤어. 처음에는 한 점에서 만났고 그 직선이 움직이면서 두 점에서 만나게 되고 그러다가 결국에는 원의 가운데 한 점을 만나게 되었어. 원과 직선과의 첫 만남은 A_0에서 시작되었고 A_4에서 끝난 거지.

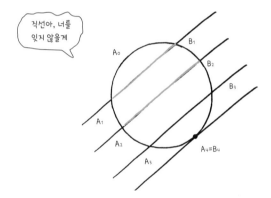

직선아, 너를 잊지 않을게

비록 원과 직선은 헤어졌지만 그 만남을 기억하기 위해 이름을 붙이기로 했어. 만난 점이 A_1, B_1과 같이 두 점일 때, 두 점을 이은 선분을 현 A_1B_1라 부르기로 했어. 우리가 뭔가의 이름을 부르는 순간 그것은 하나의 의미가 되잖아?

그리고 선분 A_1B_1으로 원이 두 부분으로 나누어지는데 그중 원의 짧은 쪽을, 호 A_1B_1이라 부르기로 했어. 다음 그림에서 가장 윗부분에 해당해. 원의 긴 쪽의 또 다른 호는 점을 하나 더 넣어 호 $A_1A_4B_1$로 부르기로 했지. 길이가 큰 만큼 더 대우를 받고 싶었을까?

그리고 지나가는 직선이 A_0나 A_4와 같이 원의 한 점에서 만날 때, 그 점을 접점이라 부르고, 접점을 지나가는 직선을 접선이라 부르기로 했어. 원이 둥그니까 직선이 여기저기에서 지나간다면 접점과 접선도 셀 수 없이 많아지겠지?

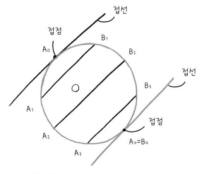

그렇다면 이제 원과 현이 만날 때 겹치는 두 점과 원의 중심을 이어봐. 삼각형이 보이지? 이때 중심에서 현의 끝점까지는 반지름으로 길이가 똑같으니, 삼각형 OAB는 이등변삼각형이 돼.

원을 지나가는 모든 현은 두 끝 점과 중심을 이어서 삼각형을 만들면 이등변삼각형이 돼. 정말 멋진 결과야. 늘 이등변이라니!

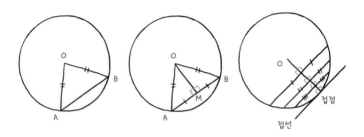

이번에는 현 AB의 가운데에 중점 M을 잡아서 원의 중심 O와 이어보자. 두 삼각형이 생기지? 삼각형 OAM과 삼각형 OBM은 변 OM을 공통으로 가지고, 변 OA와 OB는 반지름으로 같아. 그리고 변 AM과 BM도 중점으로 이등분했으니 같지. 즉 대응하는 세 변이 같아서 합동이 돼. 그러므로 각 OMA와 각 OMB은 직각이지.

결국 현 AB와 선분 OM은 직각으로 만나는 것을 알게 되었어. 이때 현을 밑으로 조금씩 내리면 어떨까? 현의 길이가 점점 짧아지다가 결국은 한 점, 즉 접점이 되지. 이때 만나게 되는 직선이 접선이고 말이야. 그러니 접선은 반지름과 직교하게 되는 거지. 접선이 원과 한 점에서 만났다는 것으로도 독특한데, 그 지점에서 반지름과 직각을 이루며 교차하기까지 하다니!

그런데 직선이 원과 만난 두 점을 잇는 경우 길이가 가장 긴 경우는 지름이 된다는 것을 알 수 있을 거야. 좀 더 생각해보면 재미있는 일들이 더 많이 있을 것 같은데?

이제부터는 지름에서 무슨 일이 일어나는지 볼까? 점 A와 점 B를 지름의 양 끝 점이라 하고, 원 위에 다른 점 C를 잡아 삼각형 ABC를 그려봤어. 무슨 삼각형이 될 것 같아?

이제 이등변삼각형의 성질을 이용해서 각 C를 구해보려 해. 이등변삼각형은 두 밑각의 크기가 같은 것도 알고 있지?

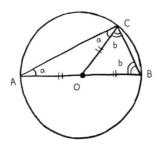

우선 원의 중심 O와 점 C를 이어봐. 그리고 점 O, C, A를 잇는 삼각형 OCA를 만들어. 삼각형 OCA는 두 변이 반지름이니까 당연히 이등변삼각형이지. 여기에서 2개의 같은 각 a가 생긴 것을 알 수 있어.

또 점 O, B, C를 잇는 삼각형 OBC도 만들어봐. 역시 이등변삼각형이고, 같은 각 b도 2개 생겼어. 여기에서 각 C는 각 a와 각 b를 합한 값이라는 것을 알 수 있어. 결국 삼각형 ABC의 세 각의 크기의 합인 180°를 수식으로 표현하면 다음과 같아.

$$180°=2\angle a+2\angle b$$

그러므로 각 C는 180도의 절반인 90°라는 것을 알 수 있어. 한 각이 90°, 즉 직각이면 그 삼각형의 이름은 뭐지? 바로 직각삼각형이지!

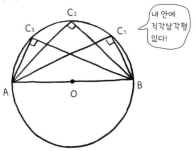

삼각형 ABC뿐만 아니라 지름의 양 끝 점과 원 위의 한 점을 연결한 삼각형들은 모두 직각삼각형에 속해. 직각은 뭔가 특별해 보이기도 하지.

그럼 이제 거꾸로 생각해볼까? 이제 원을 생각하지 말고 선분 AB가 있다고 하자. 선분 AB를 빗변으로 하는 직각삼각형들을 우선 다 모아봐. 그리고 빗변을 마주 보는 꼭지점들을 다음 그림에서와 같이 모두 연결해보는 거야. 뭐가 보여?

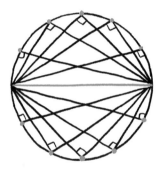

바로 원이야! 같은 선분을 빗변으로 하는 직각삼각형들만으로도 완벽한 원을 만들 수 있는 거지. 정말 놀랍지?

원의 지름과 원 위의 한 점을 이으면 직각삼각형이 되는 것 정말 신기하지? 그렇다면 지름이 아닌 현과 원 위의 다른 한 점과 이어서 삼각형을 만들면 어떤 일이 일어날까?

우선 지름이 아닌 현 AB를 한 변으로 하고, 원 위에 여러 점 C를 연결한 삼각형 ABC를 그려서, C의 각도를 각각 비교하기로 했지.

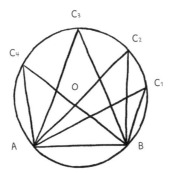

비교를 위해 중심이 되는 각이 필요하므로 원의 중심을 꼭짓점으로 하는 각 AOB를 생각했어. 각 AOB 같이 원의 반지름 2개가 만드는 각을 중심각, 각 ACB와 같이 2개의 현이 만드는 각을 원주각이라 해.

두 변을 반지름으로 하는 삼각형들은 이등변삼각형이라, 두 밑각이 같은 것은 알지?

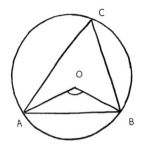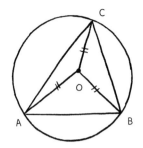

한 가지 더 기억할 것은 삼각형에서 외각은 이웃하지 않은 다른 두 내각의 크기의 합과 같다는 거야. 다음의 그림을 잘 봐. 이등변삼각형 AOC에서 두 밑각을 각각 x라 하고, 이등변삼각형 BOC의 두 밑각은 각각 y라 하자. 반지름 CO를 연장해 변 AB와 만난 점을 D라 해.

그러면 삼각형 AOC에서 AOD는 외각이라 이웃하지 않은 다른 두 내각의 크기의 합, 즉 2x와 같고, 삼각형 BOC에서 BOD는 외각이므로 이웃하지 않은 다른 두 내각의 크기의 합인 2y와 같아.

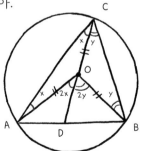

좀 복잡해 보이지만 천천히 그림을 보며 따라와봐. 이해했다면 이제 다음과 같이 간단히 정리할 수 있겠지?

$$\angle AOB = \angle AOD + \angle BOD = 2\angle x + 2\angle y = 2(\angle x + \angle y) = 2\angle ACB$$

즉 중심각 AOB의 크기는 원주각 ACB의 크기에 두 배인 거야. 어떤 원주각이든지 원주각의 크기는 중심각 크기의 반이라는 것을 알 수 있지. 왜냐고? C가 원 위의 다른 곳으로 움직여도 중심각은 AOB로 항상 고정되어 있기 때문이지. 그러므로 현 AB와 원 위의 어떤 점을 C로 잡아 삼각형을 만들어도 원주각 ACB의 크기는 항상 같을 수밖에 없어.

여기까지 잘 이해했지? 현 AB와 원 위에 있는 어떤 점을 연결해도 원주각은 중심각 크기의 반이고, 이때 생기는 원주각의 크기는 같다는 것 말이야.

그렇다면 현 AB 아래쪽에 있는 원의 어떤 점을 C로 잡아도, 앞에서와 같이 원주각들의 크기는 같을까? 그리고 현 위의 원주각의 크기와 현 아래의 원주각의 크기는 같을까? 언뜻 봐도 현의 위쪽에 있는 원주각과 아래쪽에 있는 원주각의 크기는 달라 보이지.

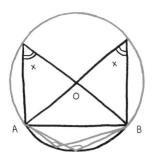

이것을 확인하기 위해서 다음 그림과 같이 원주각 BCA에 대한 중심각 BOA를 생각해봤지. 여기에서 각 BOA의 크기는 B, O, A 순서로, 시계 반대 방향으로의 윗부분 넓은 각의 크기야.

앞에서 이야기했던 이등변삼각형의 성질을 다시 떠올려봐. 밑각이 같다는 것과 외각은 이웃하지 않은 다른 두 내각의 크기의 합과 같다는 것 말이야. 이 두 가지 성질을 기억하며 내 설명을 잘 들어봐.

중심각 BOA는 삼각형 OAC와 삼각형 OCB의 각 O에서의 외각의 크기의 합이 되어, 2x+2y가 되었지. 다음 그림에서 원주각 C의 크기는 x+y이니, 중심각은 원주각의 두 배가 되는 거야.

C가 움직여도 중심각은 AOB로 고정되어 있으니, 현 AB

아래에 어떤 점을 C로 잡아도 원주각 ACB의 크기는 늘 같아.

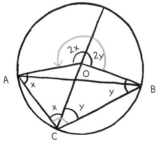

다음과 같이 수식으로 표현할 수 있어.

$$\angle C = x + y = \frac{1}{2}(2x + 2y) = \frac{1}{2}\angle BOA$$

중심각이나 원주각을 지칭할 때는 현보다는 호로 이야기하기도 해. 즉 호 AB가 반원인 경우나 반원보다 작은 경우나 큰 경우 모두 중심각의 크기는 원주각 크기의 두 배가 돼.

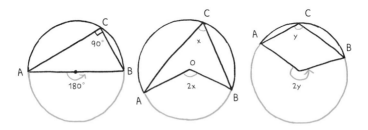

이번에는 원 위의 네 점을 연결해볼까 해. 어떤 재미있는 일이 발생할까?

환상적으로 마주 보는 각의 합이 180°가 되는 거야. 중심각의 크기가 원주각 크기의 두 배이기 때문에 원주각 ACB의 크기가 x라면 중심각 AOB의 크기는 2x이고, 원주각 ADB의 크기가 y라면 중심각 BOA의 크기는 2y지.

그리고 2x와 2y를 더하면 한 바퀴니까 360°가 되어 결국 x와 y를 더한 것은 360°의 반인 180°인 거야. 그렇게 원 위 네 개의 점을 꼭짓점으로 하는 사각형들은 마주 보는 두 각의 크기의 합이 180°가 되는 거야.

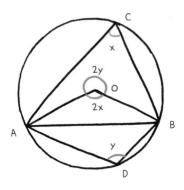

거꾸로 이야기해 보면 마주 보는 두 각의 크기의 합이

180°인 사각형들이 있다면 그 사각형들의 꼭짓점들은 같은 원 위에 있게 되는 거지. 완벽한 원 위에서 발생하는 일이라 환상적이고 멋진 일들이 많이 일어나는 것 같아.

어떤 임의의 선분 AB가 있다면, 그 선분을 현으로 하는 원을 만드는 것 또한 가능해. 어떻게 하냐고?

우선 임의의 각을 하나 정해. 예를 들어 75°로 정했다고 하자. 선분 AB를 밑변으로 하고 꼭짓점 각이 75°인 삼각형을 모두 모아 원의 호를 만들고 그 호의 반대쪽에는 선분 AB를 밑변으로 하고 꼭짓점 각이 105°인 삼각형을 모두 모아 보는 거야.

왜 꼭짓점 각이 105°여야 하는지는 알지? 원 안에서 그려지는 사각형의 마주 보는 각의 크기를 합하면 180°가 되어야 한다고 한 말을 잊지 마.

그렇게 꼭짓점들을 전부 연결하면 선분 AB를 현으로 하는 원이 만들어지게 돼.

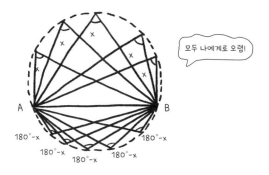

　원은 이렇게 다른 도형들과도 완벽한 조화를 이루면서 아름다운 관계를 만들어낼 수 있는 성숙한 도형이야. 그런 만큼 원은 완벽한 도형들의 형상으로 모든 도형의 꿈이자 희망이지. 원이 되기 위해 같은 빗변을 가진 직각삼각형들이나 마주 보는 각의 크기의 합이 180°인 사각형들이 모이기도 해. 그런 면에서 원은 모든 도형들의 로망이라고 이야기할 수 있을 것 같아.

　그렇지만 원은 스스로 잘났다고 삼각형이나 사각형을 무시하거나 내치지 않아. 그저 그들을 품을 뿐이지. 품는다는 것은 마음이 넉넉할 때 가능한 것인 만큼, 모든 것을 감싸 안는 듯한 원의 모양은 원의 마음을 그대로 나타낸 것이라 할 수 있어. 원은 그렇게 다른 도형의 뾰족함도 품고,

한쪽이 모자라면 설득해 다른 도형이 채우게 함으로써 함께 원이라는 테두리에 모여 살 수 있게 해.

뾰족함을 품을 수 있는 사람, 남의 부족함을 채울 수 있도록 설득할 수 있는 사람, 서로서로 조화를 이룰 수 있도록 다독일 수 있는 사람. 바로 원과 같은 사람이 많아진다면 우리 사회는 참 따뜻하고 살 만한 사회가 될 거야.

특히 우리의 리더가 원과 같은 덕목을 가진 사람이라면 좋을 것 같아. 여러분은 우리나라를 이끌어갈 미래잖아! 원이 지니고 있는 깊은 의미를 여러분 삶에 녹아내는 하루하루가 되기를 진심으로 바랄게.

함께할 때 빛이 나는
점·선·면

서로 떨어진 점으로는 무엇까지 만들 수 있을까?

무한한 평면에서 각각 하나로 존재하는 두 점이 있었어. 이들은 너무나 작고 보잘것없고 미미한 존재들이었지. 때로는 아예 없는 것처럼 취급받을 때도 있었어.

그런데 이 두 점이 뭉친다면? 그렇다면 이야기가 완전히 달라져. 왜냐고? 두 점이 하나가 되면 무한히 뻗는 하나의 직선이 탄생하거든. 이 직선을 시작으로 신비로운 도형의

세계가 펼쳐지고 완벽한 도형, 원을 꿈꾸게 돼.

이처럼 보잘것없어 보이는 점은 사실 무한한 가능성을 지니고 있는 존재들인 거야. 여러분처럼 말이야. 이 사실을 모두가 잊지 않았으면 좋겠어.

그렇다면 하나의 직선이 다른 한 점을 만나 어떻게 완벽한 원을 만들어나가는지 그 과정을 한번 살펴볼까? 직선 밖에 있는 한 점이 직선 위에 놓여 있는 두 점에 다가왔어.

그 점은 직선 위에 놓이지 않았기 때문에 직선 위에 있는 두 점과 함께하고 싶어도 그럴 수 없었어. 물론 세 점을 꼭 짓점으로 하는 하나의 삼각형을 만들어 때때로 함께 어울

릴 수도 있었겠지. 하지만 그 방식은 이전에 해보기도 했고, 늘 함께하기에는 제한점이 있잖아? 그래서 같은 소속감을 느끼고 언제나 어울릴 수 있는, 좀 더 완벽하고 신비로운 형태가 없을까에 대해 고민하게 되었어. 세 점을 늘 하나로 묶어줄 수 있는 존재 말이야.

그것이 원이 아닐까 생각한 그들은 원에 대해 알아봤어. 원이 존재하려면 원의 중심이 있어야 하고, 원의 중심에서 세 점까지의 길이가 같아야 하잖아. 어떻게 세 점까지의 길이가 같게 하는 그 점, 원의 중심을 찾을 수 있을까?

우선 차근차근 생각해보자. 세 점을 A, B, C라 하자. 우선 A에서 B까지의 거리의 중간 지점을 찾아보는 거야.

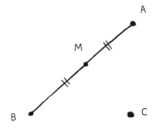

그러면 선분 AB의 중점 M이 생기지. 이번에는 중점 M을

지나며 선분 AB에 수직인 직선, 즉 수직이등분선을 그려본 다음, 수직이등분선 상에 있는 점을 모두 생각해보는 거야.

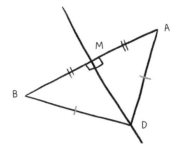

그러면 수직이등분선 상에 있는 임의의 점 D와 점 A, B 를 이어봐, 점 D의 위치는 어느 지점도 상관없어. 이제 두 삼각형이 생겼지?

두 삼각형은 DM이 공통변이고 선분 AM, BM의 길이가 같아. 그리고 수직이등분선이니까 두 각 DMA와 DMB는 90°가 되지. 따라서 두 변과 끼인 각이 같으므로 두 삼각형 은 합동이야.

자연히 수직이등분선상의 임의의 점 D와 점 A, 점 D와 점 B를 잇는 두 개 선분의 길이는 같아지게 되는 거지. 즉 선분 AB의 수직이등분선 위에 있는 모든 점에서 A와 B까지의 길이는 같은 거야.

다음 그림을 봐. 같은 이유로 선분 AC에서 수직이등분 선을 그리면 이 수직이등분선 위에 있는 모든 점에서 A와 C까지의 길이도 같게 되지. 이들 두 수직이등분선이 만나 는 교점을 O라 하면 선분 OA=선분 OB이고 선분 OA=선분 OC니까 점 O를 중심으로 할 때 점 O에서 각각 점 A, B, C 까지의 거리는 같게 되는 거야.

길이가 같은 이들은 반지름이 되어 원을 만들 수 있고 그 원은 세 점을 모두 지나며 셋을 하나로 묶을 수 있는 거지. 세 점을 하나로 묶을 수 있는 원을 수직이등분선을 이용해 찾은 거야.

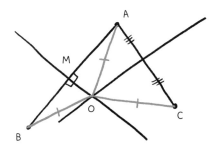

세 점은 몰랐었지만, 그들에게는 놀라운 능력이 있었던 거야. 모든 도형이 간절히 되고 싶어 하는 원을 만들 수 있 는 능력 말이야.

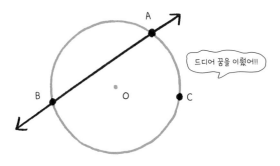

드디어 꿈을 이뤘어!!

이 원의 이름을 어떻게 부를까 하다가, 처음 세 점에서 삼각형을 생각했으니 삼각형 ABC의 외접원이라 하고, 외접원의 중심 O를 외심이라 했어.

점들은 이런 사실을 알게 되어서 매우 기뻤어. 직선상에 있지 않은 세 점은 하나의 삼각형을 만들고, 하나의 원에 속해 있지. 즉 그 원은 삼각형의 세 꼭짓점을 모두 지나는 원이잖아. 세 점은 원에 함께 존재할 수 있게 되었고, 원을 만드는 것 외에 또 무엇을 할 수 있는지 생각해 보기로 했어.

각각의 세 점은 삼각형이 될 수 있는 가능성도, 원이 될 수 있는 가능성도 지니고 있지만 그런 힘은 눈에는 보이지 않아. 그렇지만 눈에 안 보인다고 가능성까지 없어지는 것은 아니지. 홀로 존재하면서 하나의 점으로 살아가는 경우도 있고, 힘을 합해 삼각형을 만들 수도 있어.

그리고 가능성을 최대한으로 끌어올려 원을 만들 수도 있지. 이때 원을 만드는 데 필요한 것은 수직이등분선의 도움이야.

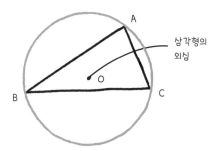

삼각형의
외심

어느 날, 네 점 D, E, F, G가 세 점의 이야기를 듣고, 사각형 외에 네 점이 함께 속하는 하나의 원을 만들 수 있는지 궁금해졌어. 네 개의 점은 사각형에게 들은 말이 기억났어.

점 A는 원이 됐대!

진짜야? 우리도
머리 좀 써보자!

사각형이 하나의 원에 속하려면 마주 보는 대각의 크기의 합이 180°면 된다는 것! 아하! 그것을 이용하면 네 개의 점이 하나의 원에 속해 있는지 알 수 있겠구나. 네 점이 있을 때는 네 점을 꼭짓점으로 하는 사각형을 그려놓고 대각의 크기의 합을 알아보는 방법으로 네 점이 원을 만들 수 있는지를 확인해보면 된다는 생각에 이르렀지.

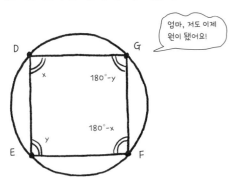

우선 네 점을 이어 사각형을 만들고, 한 쌍의 대각의 크기의 합이 180°인지를 알아보는 것이 중요해. 한 쌍의 대각의 크기의 합이 180°이면 네 점은 한 원에 속해 있지만 한 쌍의 대각의 크기의 합이 180°가 아니라면, 네 점은 한 원 안에 있을 수 없는 거지.

그런데 왜 한 쌍에 대해서만 이야기하냐고? 사각형의 내각의 크기의 합이 360°이니 한 쌍의 대각의 크기의 합이 180°이면 나머지 한 쌍의 대각의 크기의 합도 당연히 180° 가 되기 때문이야.

다음 그림의 경우가 네 점이 한 원 안에 머무를 수 없는 경우이지. 이유는 당연히 마주 보는 한 쌍의 대각의 크기의 합이 180°가 아니기 때문이야.

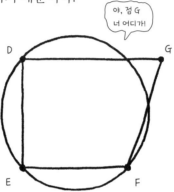

이처럼 서로 떨어져 있는 점들이 하나의 원으로 묶였듯이, 우리도 우리 안에 있는 가능성을 멋지게 발현한다면 더욱 멋진 모습으로 거듭날 수 있을 거야. 그러기 위해서는 우리 안에 있는 가능성에 대한 믿음, 그리고 동료들과 함께 협력하며 서로 도움을 주고받는 자세가 필요해. 결국 원으로 하나가 된 점들처럼 말이지.

각을 반으로 나누면
어떤 일이 일어날까?

각을 이등분하면 어떤 놀라운 일이 생길까?

도형들은 중간이라는 것을 중요하게 생각해. 왜냐하면 그것이 어느 쪽에도 치우치지 않고 공평하니까. 그래서 종종 선분이나 각을 공평하게 이등분하기도 해. 선분을 이등분하는 점은 중점이고, 각을 이등분한 선은 각의 이등분선이라 하지.

삼각형의 선을 이등분했을 때 외심이라는 것이 생긴 것 기억하지? 그렇다면 각을 이등분하면 어떤 일이 일어날까? 이번에도 혹시 놀라운 일이 일어나지 않을까? 두근거리는 마음으로 삼각형 ABC의 세 내각의 이등분선을 그어봤지.

그랬더니, 와! 정말 말도 안 돼! 세 내각의 이등분선이 한 점에서 만나는 것이 아니겠어?

세 선을 아무렇게나 임의로 그었을 때, 세 선이 한 점에서 만날 가능성은 얼마나 될까? 예를 들어 우리나라에서 서로 모르는 세 사람이 한 곳에서 만날 확률 말이야. 거의 불가능한 일 아닐까?

삼각형 세계에서도 평행이 아닌 두 직선이 한 점에서 만나는 것은 당연하지만, 점은 분해할 수 없어서 부분이 없고 위치만 있는 존재잖아. 따라서 여러 선이 그 지점을 한 치의 오차도 없이 정확하게 통과한다는 것은 확률적으로 거의 불가능해.

1,000조 배 확대

그런데 삼각형에서 세 내각의 이등분선은 그 불가능한 일을 뚫고 한 점에서 만나. 정말 믿기 어려울 정도로 신비롭고도 놀라운 일이야. 이 불가능해 보이는 일이 가능한 것은 삼각형이 갖고 있는 중요한 DNA 때문이야.

이제부터 그 과정을 따라가 볼까? 우선 각 A와 각 B의 이등분선을 그었지. 이들은 평행이 아니니 한 점 I에서 만나게 돼.

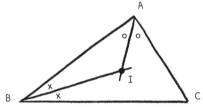

점 I에서 세 변에 닿는 가장 짧은 길이로 선을 그리려고 했어. 가장 짧은 거리가 되게 선을 그리려면 세 변에 수직으로 선을 그어야겠지. 그리고 그 교점을 각각 D, E, F라 했어.

한 점에서 선분이나 직선에 수직인 직선을 그을 때, 수직인 직선을 수선, 교점을 수선의 발이라 해. 끝에 있어서 발 foot이야. 이렇게 기억하면 더 쉽지? 수선을 그려보니 어때? 직각삼각형이 보이지?

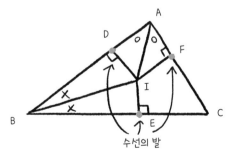

수선의 발

먼저 삼각형 DBI 와 삼각형 EBI를 살펴보자.

직각삼각형에서는 직각이 아닌 나머지 두 각의 크기의 합이 90°이니까, 직각이 아닌 한 각을 알면 나머지 각도 당연히 알게 되지.

두 삼각형은 빗변을 공유하고 있고 각 B를 이등분했으니 하나의 각이 같고, 나머지 한 각도 직각으로 같으니, 남은 하나의 각도 같게 되어 삼각형 DBI와 삼각형 EBI는 합동이 돼.

이런 방법으로 생각해보면 삼각형 DIA 와 삼각형 FIA도 마찬가지로 합동이 되지. 그래서 선분 ID, 선분 IE, 선분 IF의 길이는 같게 되는 거야.

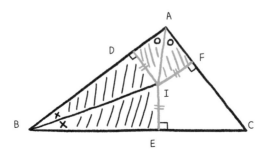

여기에서 삼각형 IEC와 삼각형 IFC도 합동인 것을 알 수 있으니까 선분 IC는 각 C의 이등분선이 돼. 그래서 세 내각의 이등분선은 한 점에서 만나!

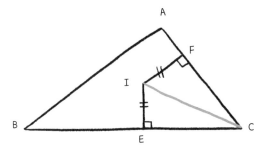

이제 세 각의 이등분선이 한 점에서 만날 때를 잘 살펴볼까?

선분 ID, 선분 IE, 선분 IF의 길이가 같잖아. 한 점에서 세 선분의 길이가 같다면 당연히 그 길이를 반지름으로 하는 원을 그릴 수 있겠지?

그러니 점 I를 중심으로 하고 선분 ID를 반지름으로 하는 원을 그리면 그 원은 점 E, F를 지나는, 다시 말해 삼각형에 내접하는 원이 되는 거야.

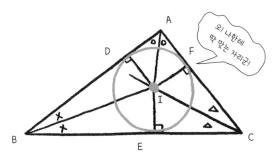

정말 환상적이지. 모든 삼각형은 나름의 내접하고 있는 원을 반드시 하나씩은 갖고 있어. 이 내접하는 원을 삼각형의 내접원이라 부르고, 그 내접원의 중심을 삼각형의 내심이라 해.

즉 모든 삼각형은 선을 이등분해서 만들어내는 외심과 각을 이등분해서 만들어내는 내심이 있는 거지.

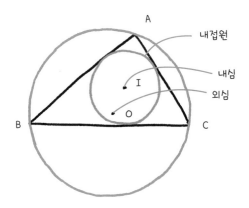

완벽을 꿈꾸는 삼각형

삼각형에서 원을 발견할 수 있었던 비밀은 무엇이었을까?

삼각형은 밖으로는 외심에 의해 원에 둘러싸여 있고, 안으로는 내심에 의해 원을 품고 있어. 이처럼 삼각형은 완벽한 원을 품고 있기에 스스로 완벽하지 않지만 완벽한 원을 꿈꾸는 존재라고 할 수 있지.

우리 인간도 마찬가지야. 완벽함을 품고 있을 때 좋은 점은 무엇일까? 완벽함에 비추어 자신의 부족함을 느끼게 되고, 완벽해지고자 노력하는 모습을 갖추게 되잖아? 부족함을 인식할 계기가 없으면, 나아지려는 꿈도 없으니 발전은 할 수 없어.

부족함을 느낄 때 그것에 대해 절망하고 스스로 포기하는 태도는 좋지 않아. 완벽할 수 없다는 사실로부터 스스로의 부족함을 인정하고, 그곳에서 긍정적으로 더 나아가려는 자세가 무엇보다 중요하다고 생각해.

> 완벽은 하늘의 척도이고,
> 완벽해지려는 소망은 인간의 척도다.
> - 괴테

삼각형은 내심을 통해 자신과 정확히 세 군데에서 만나며 삼각형 안에 쏙 들어가는 내접원이 있음을 깨닫고, 내접원의 멋진 모습에 점점 빠져들었어. 완벽하지는 않지만 완벽함을 꿈꾸는 존재로서 스스로를 긍정적으로 바라본 거지. 그러고는 원과 만나는 정확한 세 점이 어디인지 궁금해지기 시작했어.

생각해봐. 내심을 중심으로 하는 원 중에서 내접원보다 반지름이 작은 원은 삼각형의 변과는 만나지 않아. 그런데 반지름을 조금씩 키우면 갑자기 세 점에서 동시에 원과 접하는 찰나와 같은 순간이 있고, 그곳을 지나치면 다음 그림과 같이 여섯 점에서 만나게 되지.

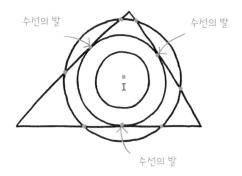

삼각형은 원이 동시에 접하는 이 신비로운 세 지점, 즉 내심에서 세 변에 내린 수선의 발의 정확한 위치가 궁금했어. 그것은 삼각형 세 변의 어딘가에 있겠지?

삼각형들이 이것에 대해 궁금해하고 있을 때, 원이 말했어.

"나를 이용하면 돼. 현이 지름일 때 중심각이 180°니까 대응하는 원주각이 90°잖아. 그것을 이용하면 될 거야". 그 방법을 따라가 볼까? 다음 그림을 보자.

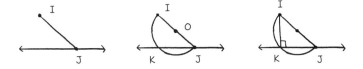

직선 밖에 한 점 I가 있을 때, 직선 위에 아무 점이나 한 점 J를 잡고, 선분 IJ의 중심 O를 잡아. 그리고 O를 중심으로 선분 IJ가 지름이 되는 원을 그려서 직선과 만나는 다른 점을 K라 해. 그러면 각 IKJ가 지름에 대한 원주각이 되어서 직각이 돼. 그러면서 점 K가 점 I에서 직선에 내린 수선의 발이 돼.

그런데 J를 다른 점에 잡아서 원을 그려도, 그 원은 반드시 K를 지날까? 물론이지. 다른 점을 잡아 원을 그려도 K를 지나. 수선의 발은 하나이니까 그럴 수밖에 없지.

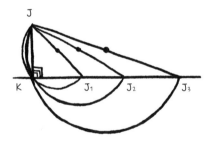

[질문] 한 점에서 직선에 내린 수선의 발은 왜 하나일까? 만약에 두 개가 존재한다면 어떤 문제가 생길까?

무게중심
- 진짜 내 모습을 찾아서

삼각형 하나를 6개로 나누면 어떤 일이 생길까?

다음의 삼각형을 봐. 하나가 둘로 나뉘었네? 삼각형 하나가 꼭짓점에서 마주 대하고 있는 변, 즉 대변의 중점을 잇는 선분에 의해 둘로 나뉘었어. 모양도 달라졌네? 그러면 둘의 넓이는 어떨까?

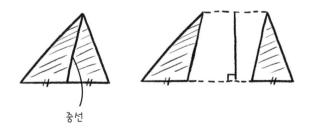

중선

신기하게도 넓이는 같아. 왜냐하면 삼각형의 넓이는 삼각형의 밑변과 높이의 길이가 같으면 똑같기 때문이야.

삼각형 꼭짓점에서 대변의 중점에 그은 선분을 중선이라 해. 그렇다면 삼각형에서는 3개의 중선이 생기지. 그러면 이 3개의 중선도 혹시 내심처럼 한 점에서 만날까? 3개의 중선 역시 기적처럼 멋지게 한 점에서 만나.

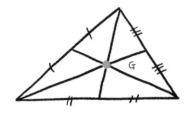

이렇게 3개의 중선을 그리니 삼각형 안에 6개의 작은 삼각형이 생기네. 그러면 이 6개의 삼각형은 어떤 공통점을 갖고 있을까?

우선 다음 그림에서처럼 삼각형 GBE와 삼각형 GCE는 밑변의 길이가 같고 높이도 같으니 넓이도 같지. 그래서 두 삼각형의 넓이를 ①로 표시할 거야. 마찬가지 이유로 삼각형 GCF와 삼각형 GAF의 넓이도 같아. 이것을 ②로, 삼각형 GAD와 삼각형 GBD의 넓이를 ③으로 표시할게.

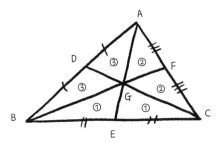

선분 AE 중선을 중심으로 반으로 나누어 보니 넓이를 이렇게 정리할 수 있겠네.

①+③+③ = ①+②+②

②=③

또한 선분 BF도 중선이니까 마찬가지로 성립되지.

①+①+②=②+③+③

①=③

①=②=③

그래서 결국 ①, ②, ③의 넓이는 같다는 것을 알 수 있어. 6개의 삼각형은 모두 같은 넓이를 가진 거야. 따라서 3개의 중선이 만나는 점을 삼각형의 무게중심이라 하기로 했어. 그리고 이 점이 자신들의 넓이 중심이라 인식하게 되고, 이 점에 대해 흥미로운 관심을 지니게 되었지.

재미있는 현상 중 하나가 다음과 같은 거야. 6개의 삼각형이 모두 넓이가 같으니, 삼각형 ABG의 넓이는 삼각형 GBE 넓이의 두 배지. 그리고 두 삼각형 밑변을 선분 AG와 선분 GE로 하면, 두 삼각형의 높이가 같으니까 다음이 성립해.

$$\overline{AG}=2\times\overline{GE}$$

마찬가지 방법으로 다음도 성립해.

$$\overline{BG}=2\times\overline{GF}$$
$$\overline{CG}=2\times\overline{GD}$$

즉 무게중심 G는 3개의 중선의 길이를 공평하게 각각 2:1로 나뉘게 하는 점이라고 할 수 있어.

지금까지 삼각형이 외심, 내심, 무게중심 등을 찾아가는 과정은 자기 자신 속에 있는 숨은 모습을 찾아가는 과정이었어. 그 사람이 어떤 사람인지를 알려면 그 사람의 외모가 어떻게 생겼는지를 아는 것도 중요하지만 눈에는 보이지 않아도 그 사람이 담고 있는 정신, 그 생각을 아는 것이 중요하지?

어떤 생각을 하고 있는지, 어떤 마음을 갖고 있는지, 감춰진 성격은 어떤지, 그런 것들로부터 그 사람이 진짜 어떤 사람인지를 알 수 있는 거야. 자기 자신에 대해서도 마찬가지야. 자신에 대해 더 자세하고 정확하게 알게 되면 자신을 소중히 여기는 마음도 더욱 커져. 그리고 자신을 소중히 여기는 사람은 주위 사람들도 소중하게 대하게 돼.

사막이 아름다운 건 어딘가에 샘을 숨기고 있기 때문이야.
인간은 마음을 통해서만 분명하게 볼 수 있어.
정말 중요한 것은 눈으로는 보이지 않는 법이거든.
– 생텍쥐페리

삼각형의 넓이	삼각형의 넓이
![img1]	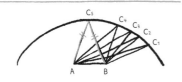
'직선 1'과 '직선 2'가 평행이면, 밑변과 높이의 길이가 같은 4개의 삼각형은 넓이가 같다.	둘레의 길이가 같은 삼각형 ABC₁ ~ ABC₅ 중 넓이가 가장 큰 삼각형은 높이가 최대인 이등변삼각형 ABC₅

작도	삼각형의 합동조건
■ 중학 수학 1-2	■ 중학 수학 1-2

작도란 눈금 없는 자와 컴퍼스만을
이용해 도형을 그리는 것!

(1) 대응하는 세 변의 길이가 같을 때

(2) 대응하는 두 변의 길이와 그 끼인각의 크기가 같을 때

(3) 대응하는 한 변의 길이와 그 양 끝각이 같을 때

원의 접선	원에 내접하는 삼각형
■ 중학 수학 2-1	■ 중학 수학 3-2

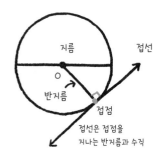

접선은 접점을
지나는 반지름과 수직

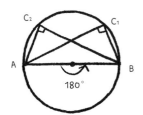

지름의 양 끝 점과 원 위의 한 점을
연결한 삼각형은 모두 직각삼각형

원주각	원에 내접하는 사각형
■ 중학 수학 3-2	■ 중학 수학 3-2

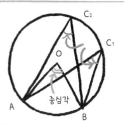

원주각=$\frac{1}{2}$중심각 / 한 호에 대한 원주각의 크기는 동일

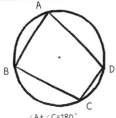

∠A+∠C=180°
∠B+∠D=180°

삼각형의 내심과 외심	삼각형의 무게중심
■ 중학 수학 2-2	■ 중학 수학 2-2

외심: 세 변의 수직
이등분선의 교점

내심: 세 내각의
이등분선의 교점

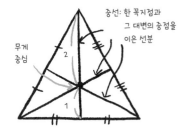

중선: 한 꼭지점과
그 대변의 중점을
이은 선분

무게
중심

무게중심: 삼각형의 세 중선의 교점
무게중심은 세 중선을 2:1로 분할

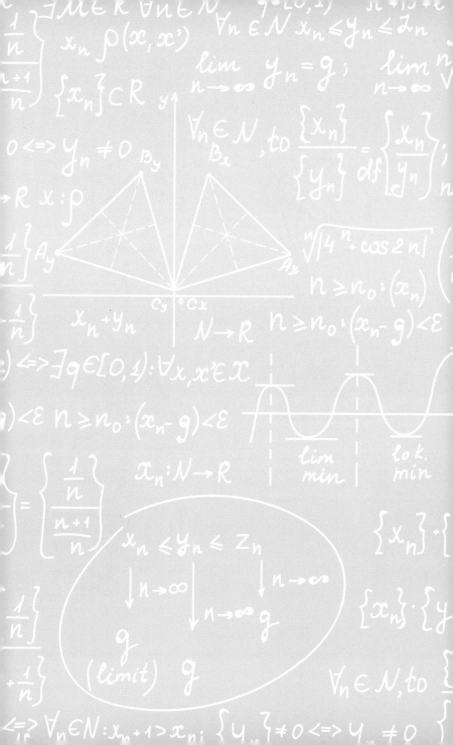

3강

그렇게 수학이 내게로 왔다
닮음·파이·피타고라스

닮음
- 네가 있어서 행복해!

닮았다는 것은 뭘까?

부모와 자식, 형제자매끼리 닮았다는 이야기를 하지? 생김새를 비롯해 성격, 습관 등 뭔가 특성이 비슷하다는 의미일 거야. 도형의 세계에서도 닮음이 있어. 삼각형을 살펴볼까?

아래의 삼각형들을 보니까 딱 봐도 같은 유전자를 가진 것 같은, 형제 사이 같지 않아?

실제로 같은 특성이 있는지 각도를 재봤어. 그러자 놀랍게도 대응하는 세 각이 다 똑같았어.

크기는 다르지만 모습이 닮아서 '삼각형들이 닮았다'고 이야기하고, 이 삼각형들을 닮은 삼각형이라고 부르기로 했어. 다시 말해 닮은 삼각형이 되려면 대응하는 세 쌍의 각 모두가 각각 같아야 하는 거지. 하지만 모든 삼각형의 내각의 크기의 합은 180°이니, 대응하는 두 쌍의 각만 각각 같아도 닮음이야.

직사각형을 통해 삼각형의 닮음의 특성을 또 알아볼까? 정사각형을 연결해서 큰 직사각형을 만든 후, 그 위에 닮은 삼각형들을 올려놓으니 삼각형들의 대응하는 변끼리 어떤 법칙이 생기는 거야. 다음 그림을 보고 눈치챘겠지?

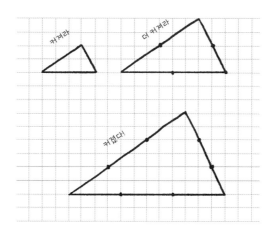

놀랍게도 대응하는 변들 사이에서도 규칙이 발견되었어. 그림과 같이 작은 삼각형 각 변의 길이가 큰 닮은 삼각형에서 보니까 두 배, 세 배가 되는 거야. 닮은 삼각형의 특성이 두 가지 생겼네. 대응하는 세 각의 크기가 같다는 것, 그리고 대응하는 변은 두 배, 세 배 등으로 커진다는 것.

여러 닮은 삼각형을 찾아서 비교해보니 역시 우리가 찾아낸 것과 똑같은 성격을 지니고 있었어.

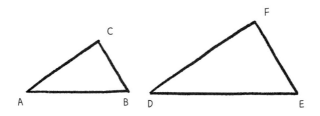

그래서 두 닮은 삼각형 ABC와 DEF에서 길이의 관계를 다음과 같이 정리할 수 있다고 생각했지.

$$\frac{\overline{AB}}{\overline{DE}} = \frac{\overline{BC}}{\overline{EF}} = \frac{\overline{CA}}{\overline{FD}}$$

다음의 그림도 한번 살펴보자. B와 B′의 크기가 같은 두 삼각형 ABC와 AB′C′를 봐. 서로 닮아 보이니? 두 삼각형은 닮은 삼각형이야. 닮은 삼각형의 정의를 알고 있지? 대응하는 세 각의 크기가 같다는 것 말이야.

그림에서 각 A는 두 삼각형이 공유해서 같고, 또 각 B와 각 B′는 크기가 같고, 삼각형의 내각의 크기의 합이 180°니까 남아 있는 한 각의 크기도 같을 수밖에 없는 거지. 그러므로 당연히 삼각형 ABC와 삼각형 AB′C′는 닮은 삼각형이야.

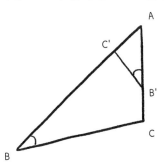

소실점
- 인간의 관점에서 본다는 것

수학의 도형에서 찾아볼 수 있는 닮음은 우리 생활 곳곳에 숨어 있어. 길을 가다 빛으로 생긴 자신의 그림자를 본 적이 있을 거야. 실제의 나와 크기는 다르지만, 왠지 닮았다는 생각이 들지. TV나 카메라는 닮음을 사용하는 대표적인 예지. 실제 사람의 크기는 그렇게 작지 않지만 닮음의 형태로 나타나게 되는 거야.

닮음 현상은 그림에서도 이용돼. 멀리 있는 것을 닮음을 이용해 작게 그리면 원근법이 생겨 실제 멀리 있는 것 같은 착각을 하게 돼. 그렇게 그리다 보면 아주 멀리 있는 것은 한 점으로 모아지겠지? 그것을 미술에서는 소실점이라고 해.

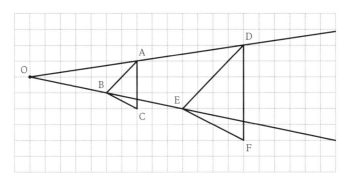

소실점은 인간이 역사적으로 어떤 사고방식의 변화를 거쳐왔는지를 보여주는 대표적이고 흥미로운 예야. 소실점이 있다는 것은 누군가 그림을 보고 있는 한 사람, 즉 관찰자가 있다는 뜻으로 그린 사람을 중심으로 표현한 것이야. 그림을 볼 때 관찰자의 위치를 짐작해보는 것도 재미있는 감상법이야.

라파엘로의 <아테네 학당>

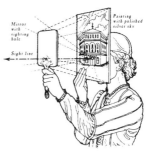

브루넬레스키(Brunelleschi)의 원근법

소실점은 인간 중심의 정신을 되살리려는 르네상스와 연결되어 있어. 소실점이 나타나기 이전인 서양 중세 시대의 그림은 성경 속 이야기를 주제로 삼은 성화가 대부분이었지. 그림의 주체는 신이었고 인간은 신에게서 받은 상황을 자신의 주장 없이 그대로 그려내는 것이 다였어. 그것이 화가의 의무라고 생각했었지.

그런 상황에서 소실점을 그림에 반영했다는 것은 그리고자 하는 대상에 대해 보고 있는 사람, 즉 관찰자의 관점이 들어갔다는 것을 의미해. 그것은 신의 입장이 아닌, 인간의 관점에서 사물을 보겠다는 의지를 내포하고 있는 거야.

결국 소실점 안에는 인간의 의식이 신 중심에서 인간 중심으로 바뀌고 있다는 큰 변화가 담겨 있어.

삼각형의 넓이를 계산하는 즐거움

다음 그림에서 삼각형 ABC의 넓이를 구한다고 생각해봐. 어떻게 해야 하지? 모두 알고 있듯이 삼각형의 넓이는 밑변과 높이를 곱한 값을 반으로 나눠서 구할 수 있어. 여기까지 함께 온 여러분은 모두 알고 있을 거라 믿어. 자, 다음과 같이 간단히 정리할 수 있겠지?

$$\frac{1}{2} \times \overline{AB} \times \overline{CD}$$

그런데 여기에서 선분 AC가 자신도 삼각형의 밑변이 되고 싶어 하는 거야. 물론 밑변은 선분 AB뿐만 아니라 선분 AC도 될 수 있고, 선분 BC도 될 수 있잖아. 그렇다면 삼각형 ABC의 넓이는 밑변을 어디로 하느냐에 따라 달라지는 걸까? 삼각형 ABC의 넓이니까 당연히 같아야 하는데 말이야.

답은 당연히 같다고 나오겠지만 무조건 그렇다고 하는 것은 수학을 대하는 자세가 아니지? 간단하게 이야기하면 다음을 증명해 보이는 거야.

$$\frac{1}{2} \times \overline{AB} \times \overline{CD} = \frac{1}{2} \times \overline{AC} \times \overline{BK}$$

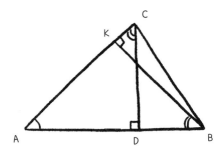

삼각형은 사각형 넓이의 반이니까 우선 사각형을 생각해봐.

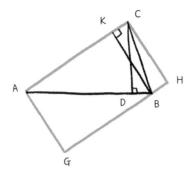

변 AB를 밑변으로 하는 삼각형의 넓이를 생각하기 위한 직사각형 ABEF와 변 AC를 밑변으로 하는 사각형의 넓이를 구하기 위한 직사각형 AGHC는 언뜻 보기에 서로 모양은 달라 보여. 과연 넓이는 같을까?

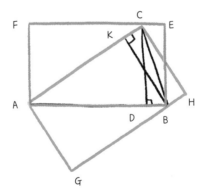

삼각형들이 서로를 확대하고 축소하면서 크기의 비가 얼마나 되는지를 비교하며 닮은 삼각형을 찾기 시작했어.

직각삼각형들도 닮은 삼각형을 찾아 나섰지.

모든 삼각형 내각의 크기의 합은 180°이고 직각삼각형들은 모두 직각인 각을 갖고 있으니, 직각삼각형이 여러 개있을 때 나머지 두 각 중 한 각만 같아도 다른 각이 저절로 같다는 것을 알 수 있어.

그래서 다른 삼각형에 비해 직각삼각형들은 닮은 삼각형을 찾기 쉬웠어.

다음 그림을 잘 보면 삼각형 ADC와 삼각형 AKB가 각 A를 공통으로 갖고 있고, 하나의 각은 직각이라는 것을 알수 있어.

그러면 나머지 각도 당연히 같겠지? 결국 두 삼각형은세 각이 모두 같은 닮은 삼각형이야.

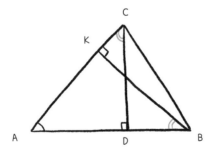

대응하는 변을 잘 보려면, 이렇게 다시 겹쳐놓으면 돼.

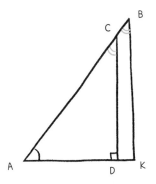

변의 길이의 비는 이렇게 정리할 수 있어.

$$\frac{\overline{AB}}{\overline{BK}} = \frac{\overline{AC}}{\overline{CD}}$$

$$\overline{AB} \times \overline{CD} = \overline{AC} \times \overline{BK}$$

이것이 사각형의 넓이니까 삼각형의 넓이는 여기에서 반을 나눈 값이 되겠지? 다음과 같이 표현할 수 있어.

$$\frac{1}{2} \times \overline{AB} \times \overline{CD}$$
$$= \frac{1}{2} \times \overline{AC} \times \overline{BK}$$

즉 변 AC를 밑변으로 해도 삼각형의 넓이는 변하지 않아. 같은 방법으로 풀어보면 선분 BC가 밑변이 되더라도 넓이는 같다는 것을 알 수 있어. 따라서 밑변이 무엇이든 삼각형의 넓이에는 변함이 없는 거지.

지금까지의 과정에서 무슨 생각이 들었어? 당연한 것 같은데 왜 복잡하게 생각하고 풀어내야 하는지 의문이 들지 않았어?

하지만 당연하다고 생각하는 것을 그냥 넘기지 않는 것이 얼마나 중요한지 아니? 지금 우리 주위의 많은 것들은 사실 그런 과정에서 발견되고 발명되었어. 지금은 당연하게 여기는 편리한 물건들 모두 그런 사고방식을 바탕으로 끊임없이 고민했던 과학자들과 발명가들에 의해 마련된 거야.

수학의 세계에서도 마찬가지야. 단순히 수학을 문제 푸는 것으로 끝내는 것이 안타까워! 수학적 사고가 주는 기쁨, 카타르시스를 경험한 사람이라면 분명 수학을 지겹게 느끼지 않고 엄청 좋아하게 될 거라 믿어.

파이
─ 원에 담긴 신비의 수

원의 둘레 길이를 구할 수 있을까?

다각형들은 선분이 모여 형태를 이루고 있는 만큼 둘레를 알기 그리 어렵지 않지만, 선이 둥근 원은 어떨까? 원의 둘레 길이도 알 수 있을까? 이런 궁금증을 갖는 것은 다각형들도 마찬가지였어. 원 또한 자신의 둘레를 구할 수 있는 방법을 이리저리 생각했지. 그러다 원이 환호성을 쳤어. 원은 어떻게 문제를 풀었을까?

원을 굴리니 원이 하나의 일직선으로 퍼지는 거야! 다각형들은 원들이 직선 위를 굴러 천천히 움직일 때를 잘 관찰해 봤어. 원이 한 바퀴를 굴렸을 때의 지나간 거리가 원의 둘레 길이인 거지. 다음 그림에서 보니 원의 둘레 길이는 원의 반지름 및 지름과 밀접한 관계가 있어. 반지름 및 지름이 커지는 배수에 따라 원이 굴러간 길이도 그 배수만큼 커진 거야.

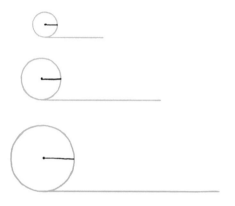

여기에서 원의 둘레는 '지름×원들이 갖고 있는 공통의 수'라는 것을 추측할 수 있었지.

원들이 가진 공통의 수? 이 수는 어떤 수일까? 원들이 가진 이 공통의 수가 정확히 어떤 수인지를 몰라 문자로 π로 나타내고 파이라는 이름을 붙여주기로 했어. 다른 말로 원주율이라고 부르기도 해. 이것을 수식으로 표현하면 다음과 같지.

$$원의\ 둘레 = 지름 × π = 2 × 반지름 × π$$

결국 π는 다음과 같이 표현할 수도 있어.

$$π = \frac{원의\ 둘레}{지름}$$

　원의 둘레 길이를 정확히 알기 위해서는 π의 값을 알아야 하는 거지. 다각형들은 이제껏 원이 그들의 문제를 해결할 때 많은 도움을 주었던 만큼, 이번에는 자신들이 원의 둘레 길이를 구하는 데 도움을 줄 수 있다고 생각했어.

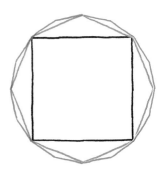

　그러고는 원의 둘레 길이를 구하는 데 도움이 될 만한 도

형들을 소집했지. 먼저 원에 내접하는 정다각형들이 모였어. 왜냐하면 정다각형들은 자신을 둘러싸고 있는 원에 대해 늘 궁금하기도 했고, 원에 내접한 자신들은 선분으로 이루어져 있으니 그 길이를 재면 정확히는 아니어도 원의 둘레와 비슷한 길이의 정보를 줄 수 있다고 생각했지.

예를 들어 정100각형이라든지, 정200각형은 원과 비슷한 형태를 띠게 되잖아? 하지만 정확한 원의 둘레 길이는 수학적 사고를 발휘해 차근차근 풀어나가야겠지?

우선 반지름이 1인 원의 둘레 길이를 구하기로 했어. 내접하는 정다각형 중 어떤 것을 먼저 선택할까를 논의를 했는데, 한 변의 길이가 1인 정삼각형 6개가 합쳐진 모양인 정육각형이 선택되었어. 반지름이 1인 정육각형 둘레의 길이는 6이니, 이를 통해 원의 둘레 길이는 6보다는 크다는 결론이 나와.

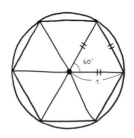

원의 둘레 길이가 지름에 π를 곱한 값이니까, 반지름이 1인 원의 둘레 길이는 2×π가 되겠지. 그렇다면 원의 둘레 길이가 정육각형 둘레의 길이 6보다 크니까 π도 3보다는 크다는 것을 알 수 있어.

정육각형 둘레의 길이를 통해 π를 유추한 거야. 정육각형은 자신이 원의 둘레 길이를 대략으로라도 알려준 사실이 기분 좋고 뿌듯했어.

이번에는 정육각형보다 더 원에 가까운, 변의 개수가 정육각형의 두 배인 정12각형이 선택되었어. 변이 많은 정다각형일수록 원의 형태와 더욱 비슷해지겠지?

하지만 둘레의 길이를 알려면 그보다 먼저 정12각형의 한 변의 길이를 구해야 했어. 정12각형은 한 변의 길이를 어떻게 구해야 하는지 막막하기만 했지.

그렇지만 다음 그림과 같이 삼각형 OAB는 직각삼각형 OAD와 직각삼각형 ABD로 나눌 수 있잖아. 그래서 직각삼각형들도 이 작업에 참여하게 되었어.

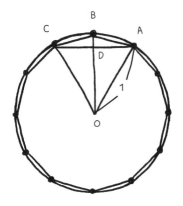

정12각형의 한 변의 길이인 선분 AB를 구하기 위해 어떤 방법을 써야 할까? 직각삼각형들의 변의 길이 관계에 대한 특징을 잘 떠올려봐. 바로 빗변의 제곱은 다른 두 변의 제곱을 더한 것과 같다는 피타고라스 정리! 이 정리에 의해 직각삼각형의 두 변의 길이를 알면 나머지 한 변의 길이도 알 수 있지.

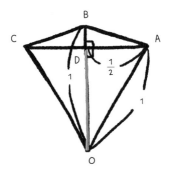

그림에서 OAC는 정삼각형이니, 선분 AD=1/2이라는 것은 이미 알고 있어. 이제 ADO에서 피타고라스의 정리를 써보자.

$$1^2 = \overline{OD}^2 + \left(\frac{1}{2}\right)^2$$
$$\overline{OD}^2 = 1^2 - \left(\frac{1}{2}\right)^2 = \frac{3}{4}$$

이제 여기에서 선분 OD를 구하면 되는데, 이것이 간단히 해결할 수 있는 문제가 아닌거야. $\overline{OD}^2$의 분모인 4는 2^2이니까 2로 표시하면 될 것 같은데, 제곱해서 3이 되는 정수나 분수를 찾을 수 없는 거야. 그래서 $\overline{OD}$가 분수로 표현하기는 불가능한 것을 알게 되었지. 그래서 $\overline{OD}$의 값을 대략 계산해보니 0.866 정도인 거야. $\overline{BD}$는 1-$\overline{OD}$니까 $\overline{BD}$는 대략 0.134 정도이지. 여기서에 다시 피타고라스의 정리를 쓰면 이렇게 풀 수 있어.

$$\overline{AB}^2 = \overline{AD}^2 + \overline{BD}^2 = \left(\frac{1}{2}\right)^2 + (0.134)^2$$

$$\overline{AB} = 0.5176$$

$$0.5176 \times 12 = 6.2112$$

정12각형 둘레의 길이는 대략 6.2112라는 것을 알 수 있어. 반지름이 1인 원의 둘레 길이는 2×π이고, 정12각형의 밖에 있으니 정12각형 둘레의 길이보다는 길잖아. 따라서 π는 3.1056보다는 크지.

$$\pi > 3.1056$$

그다음은 12각형보다 원에 더 근접한 정24각형, 다음은 정48각형, 이런 식으로 계속해서 π의 값을 구하니, 그 값이 대략 3.14159인 것을 알 수 있게 되었어.

결국 반지름이 1인 원의 둘레 길이는 2×π이므로, 어느 정도의 정확도를 원하느냐에 따라 다양하게 원의 둘레 길이를 근사적으로 쓸 수 있는 거지.

$$2 \times 3.1 = 6.2$$
$$2 \times 3.14 = 6.28$$
$$2 \times 3.141 = 6.282 \cdots$$

정확한 π의 값을 모르기 때문에 그냥 반지름이 1인 원의 둘레의 길이는 2π이고, 반지름이 r인 원의 둘레의 길이는 2πr로 써.

이렇게 π는 여전히 정확한 값을 알 수 없기 때문에 π라는 이름으로 부를 수밖에 없어. π는 원과 관계된 알 수 없는 비밀의 수인 거야.

$$π=3.14159265358979323846264338327950288\cdots$$

누구에게나 평등하게,
원의 마음

앞에서 정리한 수식을 다시 한번 떠올려봐. 선분 OD를 분
수로 표현하는 데는 한계가 있다는 것을 알게 되었지. 값을
대략 계산해봤을 때는 0.866 정도였어. 정확한 값은 아니
었지.

$$1^2 = \overline{OD}^2 + (\tfrac{1}{2})^2$$
$$\overline{OD}^2 = 1^2 - (\tfrac{1}{2})^2 = \tfrac{3}{4}$$
$$\overline{OD} \times \overline{OD} = \tfrac{3}{4}$$

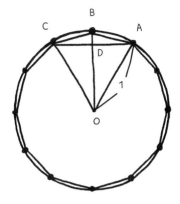

 그래서 여전히 선분 OD의 길이가 얼마인지 궁금했어.
그 결과 선분 OD의 길이를 찾는 다른 방법을 생각하게 되
었지.

 닮은 삼각형들은 원에서 본인들의 성질을 이용하면 무
언가 특별한 일이 벌어질 것이라는 느낌이 있었어. 그래서
원에서 임의의 두 현이 만나는 상황을 만들어봤지.

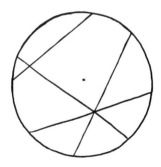

그리고 원과 만나는 교점을 이어서 아래와 같이 삼각형들을 만들었어.

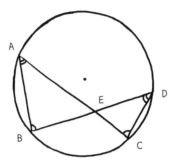

앞에서 원에 관해 이야기할 때, 같은 호에 대한 원주각은 같다고 했던 것 기억나? 그래서 호 BC에 대한 원주각 각 A와 각 D는 같고, 호 AD에 대한 원주각 각 B와 각 C도 같아.

따라서 삼각형 ABE와 삼각형 DCE는 닮은 삼각형이지. 닮은 삼각형이니 당연히 대응변 길이의 비도 같아서 다음과 같은 식이 성립해.

$$\frac{\overline{AE}}{\overline{BE}} = \frac{\overline{DE}}{\overline{CE}}$$

$$\overline{AE} \times \overline{CE} = \overline{BE} \times \overline{DE}$$

무슨 관련이 있는 걸까? 도형들은 궁금했어. 그러자 여기에서 마술 같은 방법이 생겨났지.

$\overline{AB} \times \overline{AB} = a$인 선분 AB의 길이를 구한다고 해봐. 다음의 그림을 보면서 함께하면 따라오기 쉬울 거야.

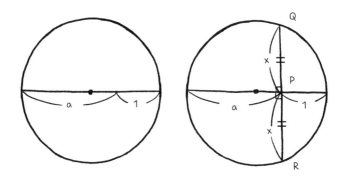

우선 길이가 1인 선분을 생각해. 그리고 지름이 a+1인 원을 그리는 거야. 길이가 a인 선분과 1인 선분이 만난 점을 P라 하고, 점 P에서 지름에 수직인 선을 그어서 원과 만나는 점을 Q, R이라고 해. 그러면 바로 앞에서 알아낸, 원 안에서 교차하는 현의 성질에 의해 다음과 같이 정리할 수 있어.

$$x \times x = a \times 1$$

이렇게 구한 선분 PQ의 길이가 우리가 찾는 선분 AB의 길이야.

이제 다시 돌아가서 원래의 문제인 선분 OD의 길이를 알아볼까? 우선 지름이 $\frac{3}{4}+1$인 원을 그리는 거야. 그리고 길이가 $\frac{3}{4}$인 선분과 1인 선분이 만난 점을 P라고 해. 점 P에서 지름에 수직인 선을 그어 원과 만난 점을 Q, R이라 하면, 원 안에서 교차하는 현의 성질에 의해 $\overline{PQ} \times \overline{PQ}$는 $\frac{3}{4}$이 되지. 원 안에 있는 선분 PQ의 길이가 우리가 원하는 크기야. 결국 $\overline{OD} \times \overline{OD}$가 $\frac{3}{4}$이 되는 선분 OD의 길이를 원의 도움으로 구할 수 있지.

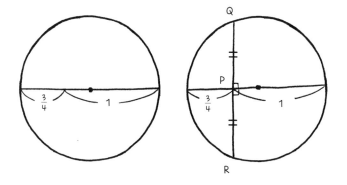

도형들은 이런 과정을 통해 원의 공평한 품성을 알게 되었고, 이것을 계기로 원을 더욱 신비롭게 생각하게 되었어.

사실 원 안에는 수많은 현이 존재할 수 있어. 어떤 현은 매우 짧고, 또 어떤 현은 매우 길고 말이야. 아마도 짧은 현들은 자신의 짧음에 대해 불평하고 불만을 갖지 않았을까? 그 불만을 원은 알고 있었겠지?

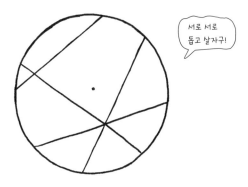

모든 것을 아우를 줄 아는 원의 해결 방법은 그 현이 다른 현을 만나게 하는 거였어. 다른 현을 만난 교점에 의해 나뉜 선분의 길이를 곱한 값과 그 교점과 교차한 다른 현에서 나뉜 선분의 길이를 곱한 값을 서로 같게 해주는 거야.

원 안에서 다른 현을 만남으로써 평등을 이룰 수 있다는 것과 더불어 조화로운 세상이라는 점을 현들이 느낄 수 있게 해주는 거지. 원은 역시 위대한 지도자의 소질과 품격 있는 성품을 지닌 도형이야.

도형들이 만들어내는
가슴 벅찬 세계!

평면이 아닌 곳에 존재하는 도형들은 평면에서의 도형들과 같을까?

삼각형들이 사는 곳이 평평하지 않고, 휘어 있는 경우에도 피타고라스의 정리는 성립할까? 피타고라스의 정리는 다들 기억하고 있지? 빗변의 제곱은 다른 두 변의 제곱을 더한 것과 같다!

$$a^2+b^2=c^2$$

다시 돌아가서, 처음 했던 질문에 대한 답은 그렇지 않다는 거야. 직각삼각형의 세 변 길이의 관계에서 $a^2+b^2=c^2$ 관계가 성립했다면, 그 직각삼각형이 휘어 있지 않은 평면에 있다는 뜻이야. 앞에서 봤던 그림을 다시 한번 살펴볼까?

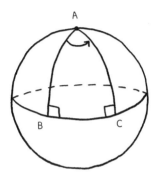

지구와 같이 둥근 표면에 있는 삼각형 ABC를 보면, 직각인 내각을 가진 삼각형인 것은 맞지만 선분 AB와 선분 AC의 길이가 같아서 피타고라스의 정리가 성립하지 않아. 그리고 삼각형 ABC의 내각의 크기의 합도 180°보다 크지.

그런데 여기에서 중요한 게 있어. 삼각형 ABC의 내각의 크기의 합이 180°보다 크다는 사실과 직각삼각형에서 피타고라스의 정리가 성립하지 않는다는 사실은 신비롭게도 밀접하게 연관되어 있다는 거야.

사실 다음 세 개의 표현은 같은 의미야.

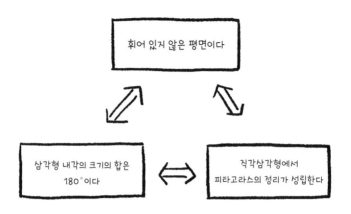

여기에서 같은 의미란 무슨 뜻일까? 어떤 평면에서 삼각형의 내각의 크기의 합이 180°가 아닌 삼각형이 있다는 것이 관찰되었다면, 그 삼각형은 평평한 표면 위에 있지 않고, 휘어진 면에 있다는 거야. 또한 그 면에서는 피타고라스의 정리가 성립하지 않는다는 거지.

마찬가지로 피타고라스의 정리가 성립하지 않는 직각삼각형이 발견됐다면, 그 면은 휘어 있다는 것이고, 그 면에 존재하는 어떤 삼각형도 내각의 크기의 합이 180°가 아니라는 거야.

이 의미에 대한 자세한 설명은 휘어 있는 면의 이야기를 포함하고 있어서, 다음에 그 면을 다녀와서 이야기할게.

점에서 시작해 만들어진 도형들. 삼각형, 다각형, 그리고 내각, 외각, 내심, 외심. 그리고 긴 시간 끝에 마주한 도형들의 정점인 원까지!

그런데 원이 완벽한 도형이라 해서 가장 중요한 도형이라고 이야기할 수 있을까? 그렇지 않아. 각각의 도형들은 원처럼 완벽하진 않아도 도형의 세계에서 모두 소중하고 특별해. 서로 생김새도 다르고, 다른 모양을 지니고 있지만, 각자 그들만의 특징이 있고, 맡은 역할을 수행하며 서로 협력하고 도우며 아름답고 멋진 도형의 세계를 만들고 있어.

그들이 평면에서 펼친 멋진 하모니와 아름다움은 아마도 휘어진 면에서도 이어지지 않을까? 평면을 뛰어넘은 더 높은 차원의 공간에서도 도형들의 이야기가 가능할 거라는 생각을 하면 가슴이 벅차!

피타고라스의 정의, 그 증명의 아름다움

증명은 어떤 과정을 거쳐 이루어질까? 유명한 피타고라스의 정의는 어떻게 탄생했을까?

다음 그림에서 삼각형 ABC는 각 A가 90°를 이루는 직각삼각형이야. 그러니까 피타고라스의 정리로 표현할 수 있겠지?

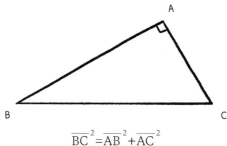

$$\overline{BC}^2 = \overline{AB}^2 + \overline{AC}^2$$

이미 알고 있듯이 피타고라스의 정리란 직각삼각형에서 가장 긴 변의 제곱이 다른 두 변의 제곱의 합과 같다는 거야. 직각삼각형 입장에서는 사람들이 이런 성질에 대해 알고 있다는 것이 신기했겠지. 그리고 이를 증명하는 사람들의 모습에 감탄했을 거야.

그것을 처음 증명한 사람은 고대 그리스의 수학자 피타고라스Pythagoras야. 그래서 이 결과를 '피타고라스의 정리'라고 이름을 붙였지. 고대 그리스인들은 어떤 결과가 있으면 그것을 그대로 받아들이기보다는 그에 대한 합리적인 이유를 찾고자 했다고 한 것 기억나? 피타고라스도 마찬가지였지.

비록 그의 증명은 사라지고 없지만, 남아 있는 자료로부터 미루어보건대 대략적으로 다음과 같이 닮음을 이용했을 거라고 추측할 수 있어. 지금부터 어떻게 증명했는지 설명해줄게.

우선 꼭짓점 A에서 선분 BC에 내린 수선의 발을 D라 해. 그러면 원래 삼각형 ABC 이외에 새로 생긴 삼각형 DBA, 삼각형 DCA가 나오지. 이때 각 B와 각 C의 크기의 합이

90°라는 것을 이용하면 아래의 그림과 같이 세 삼각형에서 대응하는 각의 크기가 각각 같음을 알 수 있어. 그래서 세 삼각형은 닮은 삼각형이야.

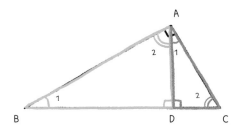

닮았다는 것을 더 잘 보이게 하려면 다음과 같이 세 삼각형의 대응하는 각을 같은 위치에 놓이도록 다시 배치하면 돼.

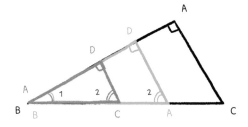

그런데 닮은 삼각형에서 대응하는 변의 길이는 비례하잖아. 우선 삼각형 ABC와 삼각형 DBA가 닮았다는 것에서 다음의 수식을 찾을 수 있어.

$$\frac{\overline{BA}}{\overline{BC}} = \frac{\overline{BD}}{\overline{BA}}$$

$$\overline{BA}^2 = \overline{BD} \times \overline{BC}$$

마찬가지로 삼각형 ABC와 삼각형 DAC도 닮았으니 이렇게 정리할 수 있지.

$$\frac{\overline{CA}}{\overline{BC}} = \frac{\overline{CD}}{\overline{CA}}$$

$$\overline{CA}^2 = \overline{BC} \times \overline{CD}$$

다시 두 가지 수식을 합쳐보면 이렇게 증명돼.

$$\overline{BA}^2 + \overline{CA}^2 = \overline{BD} \times \overline{BC} + \overline{BC} \times \overline{CD}$$

$$= \overline{BC}(\overline{BD} + \overline{CD}) = \overline{BC}^2$$

하지만 정말 멋진 증명임에도 불구하고 이 증명에는 약간 문제 제기가 있었어. 결국 피타고라스와 그의 제자들은 해결점을 찾기 위해 고민하기 시작해.

제기한 문제가 뭐냐고? 간단히 요약하면 이거야. 두 선분의 길이의 비를 항상 분모와 분자가 자연수인 분수로 표시할 수 있냐는 거지.

사실 원래의 증명은 앞의 증명보다 훨씬 더 엄밀했어. 두 삼각형이 닮음일 때 대응하는 두 쌍의 대응변의 길이의 비가 같다는 증명을 포함하고 있었지. 거기에서 두 선분의 길이의 비를 항상 분모와 분자가 자연수인 분수로 표시할 수 있다는 가정을 사용했거든.

그것을 살펴보고 연구하는 과정에서 얄궂게도 피타고라스의 정리 때문에 분수로 표시되지 않는 길이가 존재한다는 것이 알려지게 되지. 예를 들어, 앞의 직각삼각형에서 $\overline{AB}=\overline{CA}=1$이면, $\overline{BC}^2=2$가 되는데, 이때 선분 BC는 분수로 표시할 수 없는 수라는 것이 증명돼! 이처럼 분수로 나타낼 수 없는 수를 발견한 사람들은 이를 이치에 맞지 않는 무리한 수라 해서 무리수라고 이름 붙였어.

무리수의 발견으로 피타고라스의 증명에 약간의 문제가 생기게 되었는데, 이후 에우독소스Eudoxos라는 사람이 선분의 길이가 무리수가 되어도 여전히 '닮은 삼각형에서 두 쌍의 대응변의 길이의 비가 같다는 것이 성립한다'고 증명해.

그래서 결국 피타고라스의 증명이 완성되지.

고대 그리스인들의 꼼꼼한 성품 덕에 놀라운 증명이 완성될 수 있었던 거야. 여러분은 꼼꼼함에 대해 어떻게 생각해? 어떤 사람들은 꼼꼼한 사람들을 보고 쪼잔하다고 이야기하기도 해. 그런데 만약 화성에 가는 우주선의 항로를 계산하는 사람이 꼼꼼하지 않다면 어떤 결과가 나올까? 꼼꼼하게 안전을 대비하지 않았을 때, 우리가 얻은 결과들은 무엇일까?

일할 때도, 공부할 때도 꼼꼼함은 하나의 미덕이 될 수 있어. 고대 그리스인들의 이런 빈틈 없는 정신을 바탕으로 견고한 학문의 길도 열렸다고 할 수 있으니까.

직각삼각형의 이런 성질을 증명하려고 한 사람은 피타고라스뿐만이 아니야. 이에 대한 증명은 400여 개가 넘어. 하지만 피타고라스의 정리가 우리에게 널리 알려져 있다는 것은 그만큼 중요한 까닭이겠지? 그중의 하나가 중국에서 오래전에 나온 『주비산경周髀算經』이라는 책에 있어. 동양에서는 피타고라스 정리를 '구고현의 정리'라고도 이야기한다고 했던 것 기억하지?

다음 그림으로 추측해 보면, 중국에서는 피타고라스와는 다른 방식으로 직각삼각형의 성질을 증명한 것으로 보여. 한 변이 a+b인 똑같은 정사각형이 2개 그려져 있지. 이 증명의 멋진 점은 2개의 정사각형을 분해해 같은 것들을 제거하고 남는 것을 보는 것에 있어.

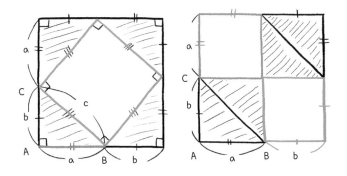

왼쪽 그림은 c를 한 변으로 하는 정사각형 하나와 삼각형 ABC와 합동인 직각삼각형 4개로 나뉘어 있고, 오른쪽 그림은 b를 한 변으로 하는 정사각형, a를 한 변으로 하는 정사각형, 삼각형 ABC와 합동인 직각삼각형 4개로 나뉘어 있지.

양쪽에서 똑같이 각각 직각삼각형 4개를 빼면, 왼쪽 그림에서는 c를 한 변으로 하는 정사각형이 남고, 오른쪽 그림에서는 a를 한 변으로 하는 정사각형, b를 한 변으로 하는 정사각형이 남아. 결국 다음과 같이 정리할 수 있어.

c를 한 변으로 하는 정사각형의 넓이=a를 한 변으로 하는 정사각형의 넓이+b를 한 변으로 하는 정사각형의 넓이

⇩

$$c^2=a^2+b^2$$

요리에서 특별한 재료를 쓰지 않고도 맛있게 만드는 것을 높이 평가하듯이, 수학에서도 같은 결과를 증명할 때 다른 증명들에 비해 특별한 조건을 쓰지 않고 증명해 보이는 것을 매우 가치 있게 여겨. 위의 증명은 닮음비라는 특별한 조건을 쓰지 않고 했기 때문에 매우 훌륭하지.

피타고라스 정리의 증명을 통해 증명한다는 것이 무엇을 의미하는지 어렴풋하게라도 이해했기를 바라. 도형의 세계뿐만 아니라 수학의 세계에서는 증명하는 그 자체가 증명하고자 하는 내용보다 중요한 경우가 많아.

왜냐하면 증명이라는 정당화 과정을 통해 도형 간에 성립하는 깊은 관계가 끌어내지고, 그런 과정을 통해 우아한

아름다움이 드러나기 때문이지.

그러나 이 아름다움에 대한 느낌은 꽃과 같은 자연에서 느끼는 아름다움과는 달라. 순수한 사고에 대한 것이기 때문에 이런 아름다움을 느낄 수 있는 안목 또한 갖추는 것이 필요해. 많은 노력과 시간이 걸리는 게 사실이야.

하지만 지금부터라도 수학의 세계를 우리의 생활에 적용하고 탐구하려고 한다면 여러분도 곧 수학의 순수한 개념으로 빚어지는 우아한 아름다움에 깊이 빠질 수 있을 거야.

수학은 지극히 뻔한 사실을 전혀 뻔하지 않게 증명하는 것으로 이루어진다.

– 조지 폴야

[질문] 피타고라스 정리에 의하면, 빗변을 한 변으로 하는 정사각형의 넓이는 다른 두 변을 각각 한 변으로 하는 두 정사각형의 넓이의 합과 같아. 여기에서 정사각형을 정삼각형, 혹은 정오각형, 정육각형… 즉 정n각형으로 바꾸어도 성립하는데 이유가 뭘까?

삼각형의 닮음조건
■ 중학 수학 2-2

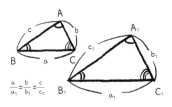

$$\frac{a}{a_1}=\frac{b}{b_1}=\frac{c}{c_1}$$

세 쌍의 대응하는 각의 크기가 같을 때
두 삼각형을 닮음이라 해.

삼각형의 넓이
■ 중학 수학 3-2

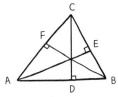

삼각형ABC의 넓이 $= \frac{1}{2}\overline{AB}\times\overline{CD}$
$= \frac{1}{2}\overline{BC}\times\overline{AE}$
$= \frac{1}{2}\overline{AC}\times\overline{BF}$

원
■ 중학 수학 1-2

원 O_1의 둘레의 길이 $= 2x_1r_1$
원 O_2의 둘레의 길이 $= 2x_2r_2$
원 O_3의 둘레의 길이 $= 2x_3r_3$이라 하면
$\implies x_1=x_2=x_3$ 이고, 이것을 π라 해.

원의 둘레의 길이 $= 2\pi r$

원에 내접하는 정다각형을 이용해
π를 구해보면 π=3.1415…

원의 중심과 현의 길이
■ 중학 수학 3-2

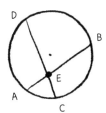

$$\overline{AE}\times\overline{BE}=\overline{CE}\times\overline{DE}$$

피타고라스의 정리
■ 중학 수학 2-2

피타고라스의 정리의 증명
- 처음 피타고라스가 닮음을 이용해 증명
- 무리수의 존재성 때문에 문제가 발생
- 이후 에우독소스에 의해 문제 해결
- 현재까지 400개가 넘는 증명이 알려짐.

KI신서 9458

이런 수학은 처음이야

1판 1쇄 발행 2020년 11월 11일
1판 16쇄 발행 2024년 11월 11일

지은이 최영기
펴낸이 김영곤
펴낸곳 (주)북이십일 21세기북스

서가명강팀장 강지은 **서가명강팀** 강효원 서윤아
디자인 THIS-COVER
출판마케팅팀 한충희 남정한 나은경 최명열 한경화
영업팀 변유경 김영남 강경남 황성진 김도연 권채영 전연우 최유성
제작팀 이영민 권경민

출판등록 2000년 5월 6일 제406-2003-061호
주소 (10881) 경기도 파주시 회동길 201 (문발동)
대표전화 031-955-2100 **팩스** 031-955-2151 **이메일** book21@book21.co.kr

(주)북이십일 경계를 허무는 콘텐츠 리더

21세기북스 채널에서 도서 정보와 다양한 영상자료, 이벤트를 만나세요!
페이스북 facebook.com/jiinpill21   포스트 post.naver.com/21c_editors
인스타그램 instagram.com/jiinpill21   홈페이지 www.book21.com
유튜브 youtube.com/book21pub

서울대 **가**지 않아도 들을 수 있는 **명강**의! <서가명강>
유튜브, 네이버 오디오클립, 팟빵, 팟캐스트, AI 스피커에서 '서가명강'을 검색해보세요!

ⓒ 최영기, 2020

ISBN 978-89-509-9301-6 03410